国家出版基金项目
NATIONAL PUBLICATION FOUNDATION

"十二五"国家重点图书出版规划项目
青少年太空探索科普丛书

地外生命的 365个问题

焦维新◎著

外星人来了！

神秘的绿光、三角形的飞船、像吸尘器一样的传送装置，

这已经成为外星人造访地球的标准配置。

茫茫宇宙，真的有外星人吗？他们在哪儿？

本书将带领大家寻找答案。

我们要在宇宙深处着陆，问一下："喂，有人在吗？"

知识产权出版社
全国百佳图书出版单位

图书在版编目（CIP）数据

地外生命的 365 个问题 / 焦维新著. -- 北京：知识产权出版社，2015.11

（青少年太空探索科普丛书）

ISBN 978-7-5130-3636-8

Ⅰ.①地… Ⅱ.①焦… Ⅲ.①地外生命 – 青少年读物 Ⅳ.① Q693-49

中国版本图书馆 CIP 数据核字 (2015) 第 156473 号

内容简介

到底有没有外星人？我们将带着这个疑问走进本书，以科学的态度去寻找答案。UFO 是怎么回事？什么是生命？人类为了寻找地外生命，向宇宙发射了很多信号，甚至让人类的航天器携带了投向太空的"漂流瓶"，这些行动科学吗？太阳系的其他星球上有生命存在的迹象吗？太阳系以外呢？未来又有哪些探测活动？本书含有大量高清图片，采用问答的方式，为我们逐一揭开这些谜团。

责任编辑： 陆彩云　徐家春　　　　　**责任出版：** 刘译文

青少年太空探索科普丛书

地外生命的 365 个问题　　DIWAI SHENGMING DE 365 GE WENTI

焦维新　著

出版发行： 知识产权出版社 有限责任公司	**网　址：** http://www.ipph.cn
	http://www.laichushu.com
电　话： 010-82004826	
社　址： 北京市海淀区马甸南村 1 号	**邮　编：** 100088
责编电话： 010-82000860 转 8110/ 8573	**责编邮箱：** xujiachun625@163.com
发行电话： 010-82000860 转 8101/ 8029	**发行传真：** 010-82000893/ 82003279
印　刷： 天津市银博印刷集团有限公司	**经　销：** 各大网上书店、新华书店
开　本： 720mm×1000mm　1/ 16	**印　张：** 9.5
版　次： 2015 年 11 月第 1 版	**印　次：** 2015 年 11 月第 1 次印刷
字　数： 145 千字	**定　价：** 38.00 元

ISBN 978-7-5130-3636-8

自序

在北京大学讲授"太空探索"课程已近二十年，学生选课的热情和对太空的关注度，给我留下了深刻的印象。这门课程是面向文理科学生的通选课，每次上课限定二百人，但选课的人数有时多达五六百人。近年来，我加入了"中国科学院老科学家科普演讲团"，每年在大、中、小学及公务员中作近百场科普讲座。广大青少年在讲座会场所洋溢出的热情令我感动。学生听课时的全神贯注、提问时的踊跃，特别是讲座结束后众多学生围着我要求签名的场面，使我感触颇深，学生对于向他们传授知识的人是多么敬重啊！

上述情况说明，广大中小学生和民众非常关注太空活动，渴望了解太空知识。正是基于这样的认识，我下决心"开设"一门中学生版的"太空探索"课程。除了继续进行科普宣传外，我还要写一套适合于中小学生的太空探索科普丛书，将课堂扩大到社会，使读者对广袤无垠的太空有系统的了解和全面的认识，对空间技术的魅力有深刻的体会，从根本上激励青少年热爱科学、刻苦学习、奋发向上，树立为祖国的科技腾飞贡献力量的理想。

我在着手写这套科普丛书之前，已经出版了四部关于空间科学与技术方面的大学本科教材，包括专为太空探索课程编著的教材《太空探索》，但写作科普书还是第一次。提起科普书，人们常用"知识性、趣味性、可读性"来要求，但满足这几点要求实在太不容易了。究竟选择哪些内容？怎样使读者对太空探索活动和太空科学知识产生兴趣？怎样的深度才能适合更多的人阅读？这些都是需要逐步摸索的。

为了跳出写教材的思路，满足知识性、趣味性和可读性的要求，本套丛书写作伊始，我就请夫人刘月兰做第一个读者，每写完两三章，就让她阅读，并分为三种情况。第一种情况，内容适合中学生，写得也较通俗易懂，这部分就通过了；第二种情况，内容还比较合适，但写得不够通俗，用词太专业，对于这部分内容，我进一步在语言上下功夫；第三种情况，内容太深，不适于中学生阅读，这部分就删掉了。儿子焦长锐和儿媳周媛都是从事社会科学的，我也让他们阅读并提出修改意见。

科普书与教材的写作目的和要求大不一样。教材不管写得怎样，学生都要看下去，因为有考试的要求；而对于科普书来说，阅读科普书是读者自我教育的过程，如果没有兴趣，看不下去，知识性再强，也达不到传递知识的目的。因此，对科普书的最基本要求是趣味性和可读性。

自加入中国科学院老科学家科普演讲团后，每年给大、中、小学生作科普讲座的次数明显增多。这种经历使我对不同文化水平人群的兴趣点、接受知识的能力等有了直接的感受，因此，写作思路也发生了变化。以前总是首先考虑知识的系统性、完整性和逻辑性，现在我首先考虑从哪儿入手能引起读者的兴趣，然后逐渐展开。科普书不可能有小说或传记文学那样动人的情节，但科学上的新发现、科技在推动人类进步方面的巨大作用、优秀科学家的人格魅力，这些材料如果组织得好，也是可以引人入胜的。

内容是图书的灵魂，相同的题材，可以有不同的内容。在内容的选择上，我觉得科普书应该给读者最新的、最前沿的知识。例如，《太空资源》一书中，我将哈勃空间望远镜和斯皮策空间望远镜拍摄到的具有代表性的图片展示给读者，这些图片都有很高的清晰度，充满梦幻色彩，非常漂亮，让读者直观地看到宇宙深处的奇观。读者在惊叹之余，更能领略到人类科技的魅力。

在创作本套丛书时，我尽力在有关的章节中体现这样的思想：科普图书不光是普及科学知识，更重要的是要弘扬科学精神、提高科学素养。太空探索之路是不平坦的，充满了挑战，航天员甚至要面对生命危险。科学家们享受过成功的喜悦，也承受了一次次失败的打击。没有强烈的探索精神，没有坚强的战斗意志，人类不可能在太空探索方面取得如此辉煌的成就。

现在呈现给大家的《青少年太空探索科普丛书》，系统地介绍了太阳系天体、空间环境、太空技术应用等方面的知识，每册一个专题，具有相对独立性，整套则使读者对当今重要的太空问题有系统的了解。各分册分别是《月球文化与月球探测》《遨游太阳系》《地外生命的 365 个问题》《间谍卫星大揭秘》《人类为什么要建空间站》《空间天气与人类社会》《揭开金星神秘的面纱》《北斗卫星导航系统》《太空资源》《巨行星探秘》。经过知识产权出版社领导和编辑的努力，这套丛书已经入选国家新闻出版广电总局"十二五"国家重点图书出版规划项目，其中《月球文化与月球探测》已于 2013 年 11 月出版，并获得科技部评选的 2014 年"全国优秀科普作品"，其他九个分册获得 2015 年度国家出版基金的资助。

为了更加直观地介绍太空知识，本丛书含有大量彩色图片，书中部分图片已标明图片来源，其他未标注图片来源的主要取自美国国家航空航天局（NASA）、太空网（www.space.com）、喷气推进实验室（JPL）和欧洲空间局（ESA）的网站，也有少量图片取自英文维基百科全书等网站。在此对这些网站表示衷心的感谢。

鉴于个人水平有限，书中不免有疏漏不妥之处，望读者在阅读时不吝赐教，以便我们再版时做出修正。

目录
CONTENTS

53/ 第 3 章 "给他们打个电话"—— 寻找地外文明计划

63/ 第 4 章 投向太空的"漂流瓶"

125/ 第 7 章 未来的寻找活动

140/ 编辑手记

第1章

你好，外星人！

外星人来了！

神秘的绿光、三角形的飞船、像吸尘器一样的传送装置，这已经成为外星人造访地球的标准配置。那些无法确认面貌的外星来客，驾驶着时光机器，讲着人们听不懂的噼里啪啦的语言，呼啸而来，飘忽不定。它们或呆萌可爱，或凶神恶煞，在不经意间敲开了地球人的大门。

寻访外星生命，我们就从这些不明飞行物说起吧，让我们以科学的目光，看看它们到底是真是假！

UFO 频频叩响地球人的门

什么叫 UFO？

UFO 是英文 Unidentified Flying Object 的缩写，翻译成中文是"不明飞行物"，指不明来历、不明空间、不明结构、不明性质，漂浮或飞行在天空的物体。若根据音译，UFO 又被称为"幽浮"，仅这名字就有一种"来无影，去无踪"的感觉。从目前所报道的 UFO 来看，它们形状各异，颜色各异。若按几何形状划分，通常有碟形、球形、三角形、椭圆形、半圆形、陀螺形和圆顶形等。UFO 常常被认为是外星人探访地球的飞行器，它们呼啸而来，飞驰而去，勾起了无数人探密的欲望。

谁最早发现了 UFO？

对这个问题的看法目前还不一致。西方人认为，飞碟首次出现是在 1878 年 1 月，美国得克萨斯州的农民马丁看到空中有 1 个圆形物体，150 多家报纸登载了相关新闻，并把这种物体称作"飞碟"。1947 年罗斯威尔事件之后，人们掀起了对 UFO 事件的极大热情，报告的 UFO 事件也越来越多。其实，我国古代就曾观测并记录到天空中的奇异现象。

全世界每年有多少 UFO 事件？

据有关部门统计，全世界每年有几千份 UFO 事件的报告，大多是民间的 UFO 爱好者提交的。发现类似现象但没有正式提出报告的事件就更多了。

发现 UFO 最多的国家是哪些？

发现 UFO 事件最多的三个国家是美国、加拿大和墨西哥。

UFO 与外星人有什么关系？

UFO 的种类和数量都是巨大的，整体上很难说 UFO 与外星人有什么联系。在所报告的 UFO 事件中，有些人认为它们之间有所联系，这些观点又分为两类：（1）认为有些 UFO 是外星人访问地球所乘坐的工具；（2）个别报道称有人见到的 UFO 就是"外星人"。但这些都没有确凿的证据。

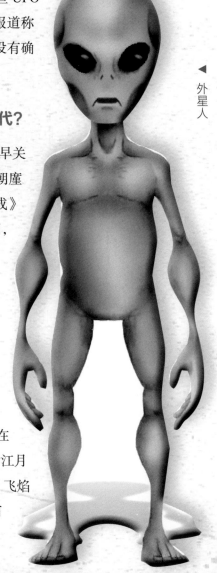

◀ 外星人

中国古代最早的 UFO 记录在什么年代？

我国很早就有关于 UFO 的记载。中国最早关于 UFO 的正式记录出现在公元前 1914 年夏朝厘帝时期："十日并出"，记载于《古今图书集成》中。古代"十日"，并非神话所说的十个太阳，而是十个像太阳那么大而会发光的飞行物体一起出现。其后在夏帝桀及商帝辛时，同样有"三日并出"及"二日并出"的记载。

苏东坡见过 UFO 吗？

苏东坡在赴任杭州途中，曾夜游镇江的金山寺。当时月黑星稀，忽然江中亮起一团火来。这一奇遇使苏东坡深感迷惑，于是在《游金山寺》一诗中记载了当时的情景："是时江月初生魄，二更月落天深黑。江心似有炬火明，飞焰照山栖乌惊。怅然归卧心莫识，非鬼非人竟何物？"这很可能就是描写他所看到的 UFO。

3

"洛杉矶之战"是怎么回事？

"洛杉矶之战"又称"洛杉矶大空袭"，是指 1942 年发生在美国洛杉矶的一次 UFO 事件。1942 年 2 月 24 日深夜至 1942 年 2 月 25 日凌晨 2 点，洛杉矶圣塔莫尼卡地区上空出现不明飞行物。这时，珍珠港事件刚刚过去不到三个月，而就在 2 月 23 日，日本刚进行了埃尔伍德大轰炸。美军基地针对不明飞行物迅速做出反应，震耳欲聋的空袭警报响彻夜空。惊恐与混乱笼罩着整个地区，居民被命令熄灭灯火，千名空袭督导员上岗待命，美军司令部的拦截飞机即刻处于警戒状态。25 日凌晨 3 点 16 分，美军开始发射重达 5.8 千克的防空炮，并一直持续到凌晨 4 点 14 分，共计发射了 1400 多发。熄灭灯火的命令直到早晨 7 点 21 分才解除。

这次防空警报中，多栋建筑物被误击，巨大的防空炮造成大约 5 位平民死亡，并有 3 位居民因无法承受长时间的炮火声而死于心脏病。此次事件上了美国西岸报纸的头版，并引起了全国媒体的关注。

事件之后，当时的海军部长紧急召开记者会澄清，说这只不过是个"假警报"。很多军事专家认为不明飞行物是日本进行偷袭的飞机，但一些 UFO 研究专家却坚称是来历不明的外星飞船。

幽灵火箭事件到底是什么？

"幽灵火箭"是一种形如火箭或导弹的不明飞行物，出现在第二次世界大战刚刚结束的 1946 年，大多数发生在瑞典和其周边国家。

第一次报告幽灵火箭是在 1946 年 2 月 26 日，一名芬兰人首先观测到它。1946 年 5 月至 12 月，幽灵火箭被发现大约 2000 次，峰值出现在 1946 年 8 月 9 日和 11 日。

研究发现，许多所谓的"幽灵火箭"可能是由流星引起的，如观测峰值时间，正好是英仙座流星雨的年度峰值期。也有人认为，幽灵火箭是苏联试验的从德国缴获的 V-1 或 V-2 导弹。还有一种观点认为，它们也许是早期的巡航导弹。但是这些观点都没能得到确认。

"绿火球"是怎么回事？

"绿火球"是另一种类型的不明飞行物，在 20 世纪 40 年代后期被多次观测到。早期"绿火球"主要发生在美国的西南部，特别是新墨西哥一带。美国政府曾对此特别关心，因为那一带有许多科学研究机构和军事设施，如拉莫斯国家实验室。奇怪的绿火球突然出现在这个地区，每个月都要被报告许多次。

许多专家对这种现象进行了研究，认为绿火球所显示的异常特征不像是流星，很可能是人造物体，特别是苏联的侦察装置。但绿火球到底是自然现象、人造物体，还是源于地外，一直没有定论。

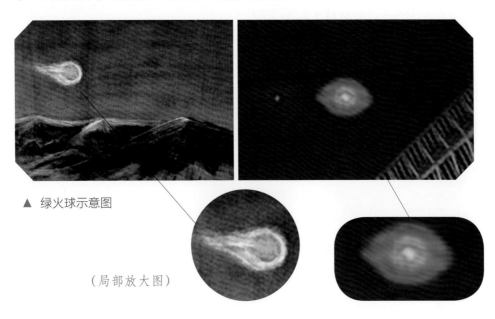

▲ 绿火球示意图

（局部放大图）

罗斯威尔飞碟坠毁事件是怎么回事？

罗斯威尔事件可以说是最离奇、最恐怖的 UFO 目击事件了。自从 1947 年发生之后，它一直吸引着人们的关注，各种解释都扑朔迷离，一直到今天，人们都无法完全确定那次事件的真相。

1947 年 7 月 4 日晚，一场罕见的大暴雨袭击了美国墨西哥州罗斯威尔市，整夜狂风肆虐，大雨如注。电闪雷鸣中，农场主布莱索听到了一声比雷更响的巨大爆炸，仿佛是天上撕裂了一个口子，恐怖的声音让人不禁心惊肉跳。第二天，布莱索小心翼翼来到农场查看，却意外地发现了很多发光的块状物，不像普通的金属、塑料、陶瓷、木块，而是一个破败不堪的庞然大物躺在草丛之中。惊慌失措的布莱索赶紧将这一消息报告给了罗斯威尔警长，并向军方报告。

"发现了坠毁的飞碟"这一爆炸性新闻不胫而走，一下子让罗斯威尔这个默默无闻的小镇声名鹊起，一时间大量对 UFO 事件感兴趣的人来到这里，各种猜测和解释也纷至沓来。

7 月 8 日，一位土木工程师声称在农场附近发现一个金属碟形物的残骸，直径约 9 米；碟形物裂开，有好几个尸体分散在碟形物里面及外面的地上。这些尸体体型非常瘦小，身长仅 100 ～ 130 厘米，体重只有 18 千克，无毛发、大头、大眼、小嘴巴，穿整件的紧身灰色制服。同一时间，美军马上进驻发现残骸的地点，并封锁了现场。

空军公关部军官知道此事已经传扬出去，在没有经过仔细调查的情况下，就向当地两家电台和两家报社发布了一篇新闻稿，罗斯威尔《每日纪事报》于 7 月 8 日以头条将其刊载，宣称空军发现飞碟坠毁在罗斯威尔附近的布莱索农场，并且被军方寻获，正在接受检查，军方将其送到俄亥俄州作进一步

▲ 罗斯威尔飞碟坠毁事件

的检查。这一官方发布的消息立刻引起各界的好奇，迅速扩展到各地，引起了极大的轰动。

但是，9 小时后空军指挥官接手这个事件，立刻推翻了以前的说法，他说他的下级军官犯了错误，根本没有飞碟这回事。坠毁的物体只不过是带着雷达反射器的气球而已。因此，隔日报纸特别提出澄清，坠落的不明物体是一个气球，而不是外星来的飞碟。

由于事件转变太快，大众怀疑当中有隐情，大多数人认为气球的说法是经过修正后的声明。到了 1997 年，美国军方再辩称所谓的"外星人"只是作为飞行弹跳测试用的假人，不过很多人并不认同，他们依然认为是美国政府在撒谎。罗斯威尔事件后，人们对外星生物、UFO 更有兴趣，研究人数激增。

罗斯威尔事件报告说了些什么？

1994 年 9 月 8 日，美国空军以负责内政安全和特别项目监理的部长个人的名义，发布了一份题为《空军有关罗斯威尔事件的调查报告》的文件，该报告除推翻了 UFO 爱好者认为的在罗斯威尔发现的坠落物是外星人飞行器这一说法之外，还首次透露了该事件和当时一项被视为高度机密的侦察苏联核试验计划有关。

对于外星飞行器的说法，该报告这样写道："在本次调查中，没有任何证据可以表明，1947 年发生在罗斯威尔附近地区的事件，和任何一种地外文明有关。"

该报告还透露，空军在 1994 年 2 月间所做的调查发现，纽约大学的一个研究小组在 1947 年 6 月至 7 月间曾在现场附近的陆军航空兵基地进行施放高空气球的试验。这一活动涉及当时属于国家机密（优先级为 A）的一项计划，代号为"莫古尔计划"（Mogul Project），当时曾打算利用高空气球探测苏联核试验所产生的冲击波。

这份报告介绍了该计划的详情。"当时，由于苏联边境处于封闭状态，美国政府始终致力开发远距离侦察核爆的技术。作为一种尝试，利用气球来探测核爆炸所产生的低频声波。"

当时，研究小组释放了许多用氯丁橡胶制成的高空气球，气球下悬挂着雷达靶标及用于音响传感器的螺旋桨等实验装置。有关专家认为，曾经在罗斯威尔事件中被视作飞碟残骸的"铝纸片、损坏的大梁及气球橡胶碎片"等物，极有可能就是上述高空气球的残骸。该报告最后作出如下结论："从罗斯威尔牧场回收的残骸，极有可能来源于莫古尔计划所施放的气球。"

世界上第一个死于 UFO 的人是谁？

1948 年 1 月 7 日，飞行员曼特尔在追赶一个 UFO 时，发生坠机并死亡，成为世界上第一个死于 UFO 的人，人们就把这个事件称为"曼特尔 UFO 事件"。

曼特尔上尉是美国一名有 2167 小时飞行经历的飞行员，在第二次世界大战中曾获得许多荣誉。1948 年 1 月 7 日，美国肯塔基州的高得曼空军基地得到报告，路易斯维依上空出现了 UFO。据基地的观察员称，该不明飞行物"中心火红，尾部散出绿色雾气"，另个一观察员指出"该物体靠近地面，保持约 10 秒，然后以非常快的速度攀升到 3 千米高空，随后又消失了，它的速度大于每小时 800 千米"。

下午 2 点 45 分，共有 6 架战斗机奉命升空观测。其中 5 架飞机因原料不足等原因先后返航，只有曼特尔单人独机继续攀升追踪。他向控制台报告："UFO 为金属壳，外形庞大。"半小时后，控制台又接到报告："正接近一个巨大的金属物体。"随后联系中断。

下午 5 点后，曼特尔和他的飞机残骸在富兰克林附近的一个农场上被发

现，他的手表停在下午 3 点零 1 分，机体上没有发现任何炮弹袭击的痕迹，也没有放射性物质。

美国空军开始称，曼特尔追踪的实际上是金星，之后又称是美国海军施放的"天钩"气球。据美国空军资料显示，一旦曼特尔上尉驾驶飞机到达 7600 米的高空，他会因缺乏氧气而昏迷，导致飞机朝地面坠毁。

什么是"蓝皮书计划"？

罗斯威尔事件激起了公众对 UFO 和外星生物的极大兴趣，同时也使美国官方不得不出台一个"蓝皮书计划"。蓝皮书计划是美国空军一系列研究 UFO 的计划之一，起始于 1952 年，终止于 1969 年 12 月。这个计划的目的有两个：一是确定 UFO 是否会对国家安全带来危害；二是科学分析与 UFO 有关的信息。

该计划收集了 12618 件 UFO 报告，最后的结论是：UFO 不会对美国的安全带来危害；没有证据表明 UFO 事件所显示的技术或原理超过现代科学知识；没有证据显示 UFO 是地外智能的运载工具。

蓝皮书计划记载了很多发现的不明飞行物事件，这些在当时被列为绝密档案的文件在多年之后，也慢慢被公之于众，供喜爱 UFO 的人们研究探索。

华盛顿不明飞行物事件是怎么回事？

华盛顿不明飞行物事件是 1952 年 7 月 19 日出现在华盛顿的不明飞行物事件。当天晚上，许多不明飞行物出现在华盛顿西南 24 千米左右的上空，华

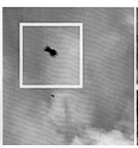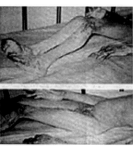

▲ 不同形式的 UFO 和外星人

盛顿国家机场的雷达捕捉到 7 个不明飞行物，它们飞过白宫及美国国会大厦等建筑，美军的战斗机想拦截它们，但不明飞行物以远远超越战斗机的速度快速移动并集体消失。事后政府报告也承认该事件是由不明飞行物所引起的。

▲ 华盛顿不明飞行物事件

美国成立"罗伯森调查小组"的目的是什么？

民众对 UFO 报告的持续关注很有可能造成通信管道阻塞，民众因 UFO 事件产生的种种不理性行为，会妨碍政府运作。同时一些敌对分子是否会利用 UFO 现象阻碍国家空防？种种担心促使美国于 1953 年成立了"罗伯森调查小组"，目的是对不明飞行物提出科学解释。

该小组后来做出了相当有名的"罗伯森报告"，报告显示，没有发现足以证明 UFO 会威胁国家安全或者 UFO 是来自地球以外的证据。这个报告意在打消民众对 UFO 事件的种种猜测，还建议监视私人 UFO 团体，防范其颠覆活动。但官方的结论往往无法压制人们的好奇心理，虽然有官方的种种报告，但人们已经认定了官方的结论是在"撒谎"，种种 UFO 事件的报告依然如雨后春笋般被人们提了出来。

美国"空军规则 200-2"讲了什么内容？

美国"空军规则 200-2 不明飞行物报告"是 1954 年 8 月颁布的。该报告首先定义了什么是不明飞行物，阐述了空军为什么关心不明飞行物，其原因有两方面：第一是 UFO 对美国国家和部队安全可能带来的危害；第二是确定 UFO 采用的技术。到目前为止，所报告的飞行物没有对美国的安全带来危害。然而，新的空中运输工具、敌方飞机或导弹都有可能在第一时间被认为是不明飞行物。这就要求报告尽可能快和全面。报告强调，目前的技术分析远没有对许多报告的情景提供满意的解释。空军要连续分析报告，直到对所有情况得到满意的解释。

什么是迪亚特洛夫事件？

造成 9 名登山人神秘死亡的迪亚特洛夫事件于 1959 年 2 月 2 日发生在北乌拉尔山，具体地点是柯拉特沙赫山的东侧。出事的山口后来以队长伊果·迪亚特洛夫的名字命名。

经过调查发现，登山者从内割开帐篷，在-30℃的天气里向外飞奔。尸体未发现打斗的痕迹，只有两人有颅骨骨折，两人有肋骨骨折，一个女子的舌头不见了。他们的衣服也被发现有放射性。

无人知道当晚发生了什么事，使得登山者充满恐惧地不穿衣服从帐篷中逃出。由于没有生还者，所以事件的许多细节仍然未知。苏联官方结论是"强大的未知力量"造成的。事件发生 3 年后，官方一直禁止登山者接近该地区。

外星人绑架地球人事件是怎么回事？

希尔夫妇绑架事件是一起疑似外星人绑架一对美国夫妇的事件，巴尼·希尔及贝蒂·希尔夫妇宣称他们在 1961 年 9 月 19 日至 20 日之间在新罕布什尔州遭到外星生物的绑架，这起事件也是第一起广为人知的外星人绑架地球人的事件。

1961 年 9 月 19 日，夜幕降临的时候，希尔夫妇刚刚结束了他们在加拿大尼亚加拉大瀑布的度假，驱车返回自己家中。据他们回忆，在 10 点 15 分到达兰开斯特南部的时候，天空中突然出现了一道亮光。巴尼最先注意到月亮附近出现了一道亮光，起初他们以为是一颗星星，但随后他们发现那道亮光在运动。他们确信遇到了贝蒂的一个姐姐曾经遇到过的 UFO，因为那道亮光实在是太不同寻常了，他们猜测那道亮光可能是一颗卫星或者一架飞机，可是外观又不太像。等他们开到南边的一条孤零零的运送木材的道路上后，那个不明物体的体型变得更加巨大，同时不时向西运动然后再返回。巴尼再一次停下车用望远镜观察，现在他已经能看到其碟子般的外形以及从一排排窗户发出的彩色灯光，甚至还能看到窗前的人影。巴尼感到害怕并逃回车内，然后他们发动了汽车迅速离开。之后他们没有再看见那个发光物体，但却总能听到一阵阵的嗡嗡声，随后他们感到意识模糊，等恢复清醒时，已经过去了两小时。他们回到家时，发现巴尼的鞋子出现了破损，贝蒂的裙子也有撕扯的痕迹，他们的车上还出现了一些无法解释的痕迹。21 日，他们向附近的一个空军基地报告了自己的所见所闻。据一个不确切的来源称，空军基地的雷达也曾在 20 日探测到未知物体。

什么是瓦兰索 UFO 事件？

瓦兰索（Valensole）UFO 事件发生于 1965 年 7 月 1 日，地点在法国普罗旺斯附近的瓦兰索。

据目击者描述，那天早晨他正在薰衣草农田里干活，突然听到尖锐的声音，顺着声音传来的方向看去，发现在一块岩石后面有一个球形物体，大如一辆小轿车。目击者往前走几步，看见在这个物体周围有两个人蹲着，观看植物。当目击者继续向前靠近时，那两人突然站立起来，其中一人用奇怪的物体指向他，他很快就瘫痪了，不能活动，但意识清楚。目击者看见这两个人高约 1 米，皮肤平滑，比较白，大脑袋，几乎没有脖子，眼睛与地球人的相似，但没有眼皮。几天以后，在那个地点周围 5 ～ 6 米内的薰衣草开始莫名其妙地死亡。

什么是凯克斯伯格 UFO 事件？

1965 年 12 月 9 日晚，在美国宾夕法尼亚州的凯克斯伯格，小镇居民目睹了一个大而明亮的火球从夜空中划过，接着，火球就像有人操纵一样撞向附近的小树林，并释放出金属碎片，人们把这个事件称为"凯克斯伯格 UFO 事件"。目击者称，不明物体的外形就像巨大的橡树果。事件发生后，美国军方立即封锁了凯克斯伯格，并用拖车从事发地点拖走了不明物体。这引发了人们的种种猜测，不明物体是陨石，是美国秘密研制的飞机，是人造太空探测器，还是来自遥远星球的飞船？众说纷纭。

什么是猎鹰湖事件？

猎鹰湖事件是 1967 年 5 月 20 日发生在加拿大猎鹰湖附近的一个 UFO 事件。据目击者称，他看见两个雪茄烟形的物体在猎鹰湖附近下落，一个在他附近着陆，他看见降落物的门打开，听到里面的说话声。他试图用英语与对方沟通，但没有回应。当他试图检验该降落物周围的彩色气体时，手被烫到，衣服也着火了，并感到非常恶心。事发之后，目击者出现了严重的头痛、眩晕、恶心、腹泻等症状，医生无法找到任何原因。

▲ 发生在加拿大的猎鹰湖 UFO 事件

柯拉瑞斯岛神秘光束是怎么回事？

1977 年 10 月至 1978 年 1 月，在巴西北部的柯拉瑞斯岛（Colares），曾发生不明光束袭击事件。柯拉瑞斯岛当时只有 2000 多居民，许多居民声称在夜晚睡觉或在街上走动时，被一种飞行物射出的不明光束袭击，导致皮肤受伤。受伤者 80% 以上是年轻妇女，受伤部位大部分为胸口及肩颈，这引起当地居民极大的恐慌。

20 年后，当年的事件调查负责人奥兰达上校在家中神秘死亡，人们并不清楚，他是自杀还是被谋杀。

2004 年 3 月，在奥兰达上校死后的第 6 年，*UFO* 杂志的两位编辑决定发起一场名为 "UFO 信息自由" 的运动，希望能够接触到高度机密的柯拉瑞斯岛调查报告。

两位编辑的努力没有白费，2005 年 5 月 20 日，巴西政府终于同意公开这批档案。两位编辑来到巴西空军总部，研究那些已被封存近 30 年的文件。

但遗憾的是，他们虽然看到了调查小组拍摄到的神奇光线，也看到了数以千计的采访记录，但始终没能在报告中发现相关的证据。他们只能得出一个结论，居民身上出现的灼伤伤痕和针刺痕迹很可能是由强光造成的，但强光的来源却无从查起。这就意味着，柯拉瑞斯岛上的致命光束之谜依然未解，奥兰达上校的死因依然难下定论。人类是不是外星人的实验品、地球是不是外星人的实验场地仍然没有答案。

泰勒事件是怎么回事？

1979 年 11 月 9 日上午 10 点 30 分，英国 61 岁的林业监督员泰勒驾驶着公司的小型卡车，行进在山脚下的路上。他震惊地发现天空中悬浮着一个直径约 7 米的球形船体。它由暗色金属材料制成，质地像砂纸，一些部分是透明的，像是飞机驾驶室的窗口。他向这个不明物体靠近，看见两个呈球形的小飞船朝他飞来，与母船有同样的颜色与质感。两个小飞船上突然伸出像脚似的长长的尖刺，小飞船用这个"脚"滚动，很快靠近泰勒。他非常恐惧，

根据泰勒回忆所描绘的球形飞船

以至于呆立不动。他听到两个小飞船在他身旁接触地面时发出爆裂的声响，并且还闻到像汽车刹车时因摩擦而散发的令人窒息的恶臭。这时泰勒感觉到两个小飞船拉拽他的裤腿，想将他掳往母船，他想顶住小飞船的吸力，结果失去意识倒在地上。当他醒过来时，飞船不见了，他几乎不能说话，只能返回卡车，开车回到家里，并向地方警察报告了他的经历。这就是在当地轰动一时的泰勒事件。

美国的 51 区是怎么回事？

51 区（Area 51）是位于美国内华达州南部林肯郡的一个区域，西北方距拉斯维加斯市中心 130 千米，有空军基地在此，美国的许多新式飞机都曾在这里试飞。此区被认为是美国用来秘密进行新的空军飞行器开发和测试的地方，也因为许多人相信它与众多的不明飞行物阴谋论有关而闻名。

机密飞行器试验再加上一些对异常现象的报道，为 51 区增加了许多神秘色彩，也成为现代 UFO 和阴谋论说所关注的焦点。据称，发生在 51 区的非正常事件包括：对坠毁的外星人飞船的试验；保存着罗斯威尔飞碟坠毁事件中找到的材料，对其中的乘员（活着的和死了的）进行研究；用外星人的技术制造飞行器；研发气象武器或特异能量武器。

▲ 卫星对 51 区拍摄的图像

什么是蓝道申森林事件？

蓝道申森林位于英国的一个空军基地附近，这里是北约在欧洲最大的军事基地，驻扎了数万名官兵，储存了数量巨大的高精尖武器。在这样一个属于军方绝密的地方，却在 1980 年圣诞节发生了离奇的 UFO 事件，让人不禁将其与外星人窃取人类情报联系起来。英国政府一直未能对此事件给出一个清楚的解释，所以该事件又有"英国的罗斯威尔事件"之称。

1980 年 12 月 26 日凌晨 3 点，英国皇家空军的士兵约翰·巴勒斯正在军事基地东大门附近巡逻，当他驾车驶入森林的时候，突然发现前面的森林透出五颜六色的光，他被这诡异的亮光吓坏了，同时他发现附近的蓝道申森林

▼ 蓝道申森林事件示意图

事件发生地

有物体降落。他最初以为是飞机被击落，随后他和队友吉姆·潘尼斯顿进入森林调查。他们看到奇异的光束穿过树木，一个不明物体发出明亮的光线。吉姆·潘尼斯顿声称自己还摸到了不明物体"温暖"的表面，他发现其工艺不明并记录下了许多不明符号，他还声称见过一个三角形不明物体起落的景象，它在地面留下三个印痕。凌晨 4 点后，当地警方到场，但他们只看见不远处灯塔发出的亮光。上午，约翰·巴勒斯和吉姆·潘尼斯顿回到森林东部边缘一小块空地附近，他们发现三个三角形图案，以及在附近树上燃烧的痕迹和折断的树枝。上午 10 点半，当地警方称，这次在地面上看到的印痕可能是由动物留下的。在整个过程中，他们的无线电都遭到了严重的干扰。

　　两天后，有人报告那个令人不安的 UFO 又回来了，迫使基地的副指挥官带领一个调查小组，在晚上再次走进了那片漆黑的森林。他们在森林中拉起了警戒线，并用一个微型录音机记录他们的活动和发现。这次调查中，闪烁的奇异光束向东覆盖整个区域，而附近灯塔是可以被看见的，两者发出的亮光能够明显区分开来。后来，闪烁的奇异光束又出现在天空的北部和南部。由于录音磁带用完，调查小组不得不在天亮前返回基地。

事件发生之后，所有的目击者都陈述了他们的所见所闻，但其中多有矛盾的地方。由于军方的介入，目击者不得不对这次事件三缄其口，而相关证物和调查结果均被设为高度机密。至今这一事件仍然悬而未决。

什么是普罗旺斯事件？

1981 年，在普罗旺斯又发生了一起 UFO 事件，这次不同的是，UFO 留下了物理证据：一个燃烧残余物。

事件发生在 1981 年 1 月 8 日下午 5 点，一个 55 岁的农民听到一个奇怪的哨声，然后看见一个银色的物体在距离他大约 40 米处着陆。这个着陆装置是两个飞碟形的，一个倒置在另一个的顶部。当这个装置起飞后，在地面留下一个燃烧过的残余物。调查人员对这一地区进行了拍照，并发现地面上有烧灼的痕迹，估计当时温度为 300～600℃，农作物的状况也发生了改变，同时地面承受了重达 4～5 吨的机械压力。调查人员在燃烧残余物中发现了微量的磷和锌。这个事件被认为是保留数据最完整的 UFO 事件。

比利时不明飞行物事件是怎么回事？

比利时不明飞行物事件是指于 1989 年 11 月至 1990 年 4 月间，发生在比利时的一连串三角形飞碟事件。这是少数拥有超过 1000 个目击者的不明飞行物事件，也是极少数获得军方承认的不明飞行物事件。

1989 年 11 月 29 日，这些飞行物缓缓地从城市低空飞过。不仅一般民众、警察目击到这一现象，比利时以及北约的雷达也侦测到这些不明飞行物体的存在。在尝试以无线电联络失败以后，比利时空军派出 F-16 战斗机尝试拦截了 9 次，其中 3 次成功地以机上雷达标定其中一架不明飞行物体，其形状在雷达上显示为菱形，但之后均被其以极高速度脱逃。

在军方追捕的过程中，这些不明飞行物玩起了非常完美的"高空杂技"，以人类望尘莫及的速度，炫耀自己高超的飞行技术：飞行的时速为 270～1870 千米，可以做滞空停留，并一度在 5 秒内从 1 万英尺快速下降至 500 英尺，而其高速行进期间已

▲ 比利时不明飞行物

经超过声速，却完全没有声爆现象。军方在追捕无果后，最终决定返航，不明飞行物体也在 20 分钟后消失。

伊尔克利沼泽的外星人是怎么回事？

1987 年 12 月 1 日上午 9 点半，已经下班的警察菲利普动身穿过伊尔克利沼泽。天气还是雾蒙蒙的，菲利普随身带着指南针，他的目的是在雾中拍摄沼泽的闪电效应，却意外遇到了"荒野惊魂"的一幕。

当菲利普在薄雾中缓慢前行时，突然看见一个类似外星人的移动物体，菲利普赶紧对其拍照。照片显示，目标大约 4 英尺高，绿灰色皮肤，手大，脚有两个分开的脚趾。这张著名的照片激发了人们对 UFO 和外星人研究的极大热情。

小黑眼

灰绿皮肤

香肠形手指

分开的足

▲ 伊尔克利沼泽的外星人，左是原照，右是根据照片画出的图形。

凤凰城之光事件是怎么回事？

1997 年 3 月 13 日晚 8 点到 10 点之间，在美国亚利桑那州凤凰城附近地区，有 700 多人看到不明飞行物。在凤凰城南部山脉上空有 5 个排列成 V 形的白色发光点缓缓飞行，简直就像 UFO 编队在巡航一样，这是近代少有的集体目击不明飞行物事件之一，即著名的凤凰城之光事件。

据目击者称，当时那个巨大的物体飞得很低很慢，两翼都快要撞上山口。科学家经过测量发现，两个山口距离约 470 米，而不明飞行物却大得快要撞上去了，因此可以估计出这个物体宽近 460 米。如果这个物体用铝合金材料制成，那它的质量要达到 16000 吨。如此庞大的飞行物是靠什么动力飞行呢？如果是火箭，那这样巨大的家伙至少需要 5 台世界最先进的土星 5 号火箭发动机，而且噪声几乎可以把人震聋；可是这个不明飞行物却悄无声息地在超低空缓慢飞行。如果是旋翼动力，则会造成巨大气旋，人早就被它吹跑了，怎么还能近距离观察它呢？

其他形式的 UFO 事件

航天飞机发现过 UFO 吗?

如果地球上没有外星人,那么在地球之外是否有外星人,在过去的时间里是否出现过外星人,这些猜测给我们继续探寻地外生命的踪迹提供了新的线索。

美国航天飞机在执行任务期间,曾发现过多起 UFO 事件,这些事件一直到现在也没有得到圆满解释。航天飞机在第 75 次飞行时,执行释放系绳卫星的任务,当该卫星被释放到接近其可释放的最大距离时,系绳断了,卫星丢失。

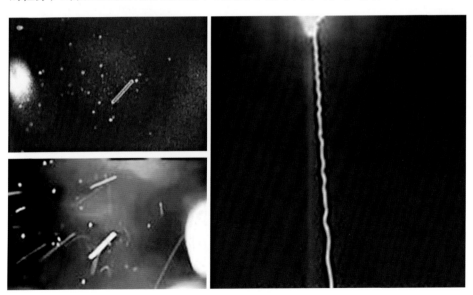

▲ 此图展示了系绳卫星释放过程中周围的情况,左侧上下两张显示出亮点,右侧图显示系绳展开的情况。

根据当时航天飞机拍摄的视频，发现在整个释放过程中，周围有上百个亮点，疑似不明飞行物，这次系绳断裂是否与这些不明飞行物有关呢？这一直是个谜。

双子星座 7 号飞船飞行时遇到了 UFO 吗？

双子星座 7 号是双子星座计划中的第 4 次载人飞行任务，也是美国的第 12 次太空任务。飞船于 1965 年 12 月 4 日发射升空。进入轨道后，航天员发现在飞船的左前方有上百个亮点，这些亮点是沿着极轨轨道分布的。航天员及时向地面报告，躲开了亮点，但一直不知这些亮点是何物。

在月球上发现过 UFO 吗？

阿波罗航天员在月球科考期间拍摄了许多图片，后来对图片进行分析时发现，图片背景中也有不明飞行物。

▲ 本图展示了阿波罗 15 号和阿波罗 16 号上的航天员在月球活动的照片，远处的亮点是不明飞行物。

在月球上发现过外星人的迹象吗？

这个问题涉及另一种形式的 UFO，月球表面的一些结构不像是自然产生的，有些被认为是由古代外星人建设的基地；有些则被认为是古代外星人到月球时留下的飞船遗迹。

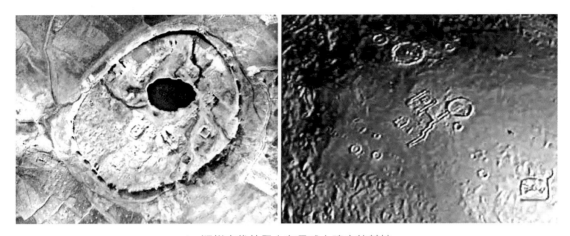

▲ 疑似古代外星人在月球上建立的基地

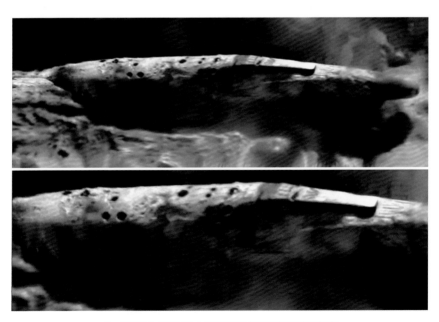

▲ 疑似古代外星人到月球时留下的飞船遗迹

▲ 好奇号火星车发现的0.5厘米大小的金属辐条

▲ 近看金属物

好奇号火星车在火星表面发现的金属物体是什么？

美国好奇号火星车在着陆点附近行进时，发现了一段突出在岩石上的0.5厘米长的金属辐条。这个金属辐条到底是什么呢？是机器人的臂，是某种工具，还是外星人飞船的遗物？没有人知道这个物体的秘密。

火星上的"蜥蜴"是怎么回事？

好奇号火星车拍摄的一张照片显示，火星表面似乎有一只蜥蜴，如下图所示，我们把照片放大之后，还是无法辨断，这到底是一块特殊形状的岩石，还是蜥蜴。

▲ 近看"蜥蜴"

▲ 好奇号火星车拍摄的火星图片

艺术作品中的外星人

有哪些关于外星人的科幻影片和电视？

有关外星人的科幻影片和电视太多了，难以统计。网上曾评选出 10 部最著名的科幻影视，这些影视作品是：《超人》(*Superman*)、《外星人》(*E.T.*)、《指令长史波克》(*Commander Spock*)、《变形金刚》(*Transformers*)、《尤达》(*Jedi Master Yoda*)、《所罗门》(*The Solomons*)、《异形大战铁血战士》(*Aliens*

▲　相貌各异的外星人

and Predators）、《家有阿福》（Alf）、《神秘博士》（Doctor Who）、《丘百卡》
（Chewbacca）。

与地球人友好的外星人是什么样的？

在现有的影视作品中，有不少是描写外星人与地球人和睦相处的，如电影《外星人》和《火星叔叔马丁》。

电影《外星人》描述了一个遗落在地球上的外星人与小男孩艾里奥特成了朋友，最后小男孩将外星人送回了他的星球。这部科幻电影充满温馨的基调，不仅得到了科幻爱好者的肯定，还赢得了更广大观众群体的喜爱，成为科幻电影的经典之一。

▼　相貌各异的外星人

▲ 外星动物

　　《火星叔叔马丁》是一部美国的家庭、科幻、喜剧片。该片主人公提姆是个很有事业心的电视新闻记者，可是却得不到老板的赏识。某次回家的路上，他竟遇上了火星人的太空船撞上地球！转化为地球人外观的火星人马丁，为了修复太空船，只好找上提姆。提姆与马丁相处越久，越觉得他是个善良的外星人。

有哪些描述外星人的科幻小说？

▲ 火星叔叔马丁

　　关于外星人的种种谜团，使之很适合作为科幻小说的题材。因此，描述外星人的科幻小说数量是相当大的。最近，互联网上评选出十部优秀的科幻小说。

●《神的战车：过去未解之谜》（*Chariots of the Gods：Unsolved Mysteries of the Past*）；

●《看见一匹灰白马》（*Behold a Pale Horse*）；

▼ 十部优秀的科幻小说封面

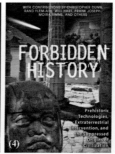

●《第十二颗行星：地球编年史》(*Twelfth Planet : Book I of the Earth Chronicles*)；

●《被禁止的历史：史前技术、地外智能和受压制的文明》(*Forbidden History : Prehistoric Technologies : Extraterrestrial Intervention and the Suppressed Origins of Civilization*)；

●《反引力推进的秘密：特斯拉、UFO 和经典航天技术》(*Secrets of Antigravity Propulsion : Tesla : UFOs and Classified Aerospace Technology*)；

●《信息：世界上文件最多的地外接触故事》(*Messages : The World's Most Documented Extraterrestrial Contact Story*)；

●《罗斯威尔以后的日子》(*The Day After Roswell*)；

●《分享：真实的故事》(*Communion : A True Story*)；

●《揭秘：军事和政府见证人揭露现代历史最大的秘密》(*Disclosure : Military and Government Witnesses Reveal the Greatest Secrets in Modern History*)；

●《需要知情：UFO、军事和智能》(*Need to Know : UFOs : the Military and Intelligence*)。

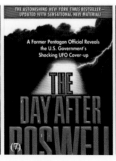

(7)　(8)　(9)　(10)

关于 UFO 与外星人的思考

什么是费米悖论？

费米悖论阐述的是对地外文明存在性的过高估计和缺少相关证据之间的矛盾。宇宙惊人的年龄和庞大的星体数量意味着，除非地球是一个特殊的例子，否则地外生命应该广泛存在。如果银河系存在大量先进的地外文明，那么为什么连飞船或者探测器之类的证据都看不到；即使难以星际旅行，如果生命是普遍存在的话，为什么我们探测不到电磁信号？有人尝试通过寻找地外文明的证据来解决费米悖论，也提出这些生命可能不具备人类的智慧。也有学者认为高等地外文明根本不存在，或者非常稀少，以至于人类不可能联系得上。地球殊异假说有时被认为为费米悖论提供了一种合理的解释。

什么是"生命种源传播"假设？

所谓"生命种源传播"假设，意思是地外智慧生物不一定要用活体来进行星际航行，可以用高智能的机器人携带生命种源（存放在绝对零度环境下）搭乘宇宙飞船进行生命传播殖民，如此一来，既可避免星际航行中宇宙伽马射线辐射，以接近光速航行，又能突破生命年龄有限的障碍。只要在航行所

▲ 相貌各异的外星人

需能源充足的情况下，这种"生命种源传播"方式即可得以实现。据此推理得出在宇宙漫长的时间历程里，高智慧生命应该几乎遍布整个宇宙中适宜生存的行星，并存在着广泛的星际交往，包括地球在内。

怎样科学解释 UFO 现象？

根据对各类 UFO 图像的分析，所记录的现象可能是由以下原因产生的。

● 对已知现象或物体的误认：天体（行星、恒星、彗星、流星体等）；大气现象，如球状闪电、极光、海市蜃楼；生物（飞鸟、蝴蝶群等）；光学因素（由照相机的内反射、显影的缺陷所造成的照片假象，窗户和眼镜的反光所引起的重叠影像等）；雷达假目标（雷达副波、反常折射、散射、多次折射，如来自电离层、云层的反射或来自高温、高湿度区域的反射等）；人造器械（飞机灯光或反射阳光、重返大气层的人造卫星、点火后正在工作的火箭、气球、军事试验飞行器、云层中反射的探照灯光、照明弹、信号弹、信标灯、降落伞、秘密武器等）。

● 心理现象：有人认为 UFO 可能纯属心理现象，它产生于个人或一群人的大脑。UFO 现象常常同人们的精神心理经历交错在一起，在人类大脑未被探知的领域与 UFO 现象间也许存在某种联系。

● 地外高度文明的产物：有人认为有的 UFO 是外星人制造的航行工具。

▲ 荚状云

● 自然现象：某种未知的天文或大气现象、地震光、大气碟状湍流、大气放电效应。例如，荚状云就很容易被误认为飞碟。

外星人存在的可能性究竟有多大？

在整个银河系中，差不多有 1000 亿～ 4000 亿颗恒星。根据最近的观测结果，银河系中每颗恒星平均来说至少有一颗行星，这意味着银河系至少有 1000 亿颗行星，100 亿颗类地行星，在距离地球 50 光年（光年为天体距离的一种单位，1 光年等于光在真空中 1 年内行经的距离）内，至少有 1500 颗行星。在这些行星中，与地球环境近似的，估计可能多达 100 万颗。既然生命能够在地球上产生和演化，那也就可能在这些行星上产生和演化，并发展出智慧生物。而其中必定有一部分，要比现在的人类文明更为先进。因此，一些天文学家认为，在太阳系以外的星球上出现智慧生命，是完全可能的。

怎样认识 UFO 与外星人？

本章介绍了国内外一些有影响的 UFO 事件，也介绍了各种奇形怪状的"外星人"。我们之所以将外星人这三个字加引号，因为本章所提及的外星人不是真正意义上的外星人，不是生存在地球以外星球上的高智能生物，是人们想象出来的。

● UFO 事件中确有许多是大自然未解之谜，深入探讨这些问题是有意义的。

● 许多 UFO 事件是人为产生的事件，有的甚至是秘密的军事活动，只有在若干年后解密了，人们才能弄清真相。

● 大部分 UFO 事件是可以用现在的科学知识解释的。

● 部分 UFO 事件加进了人工渲染，媒体宣传时添油加醋，增加了它们的神秘感。

从科学的角度看，人类目前不仅没有发现外星人，就连最简单的生命形式也没有发现。但不能由此得出没有外星人的结论。因为宇宙太大了，人类目前可探测到的范围太小了。说不定在宇宙某个地方的外星人，也在急切地盼望地球人的消息。在阅读本书之后，读者会对有没有外星人这个问题给出自己的答案。

供图 / Gerhard Boeggemann

第 2 章

生命只有一种形式吗？

前文我们介绍了从古至今炒得沸沸扬扬的UFO和外星人，但从中难以找到它们与生命之间的联系。从本章开始，我们将从科学的角度层层分析，到底什么是生命，地球上的生命需要哪些条件来维持；如果地球以外的天体存在生命，这类天体应当具备什么条件，以及地球上极端环境下生存着哪些生命。通过本章的介绍，读者可以了解生命的基本特征，明确到什么地方去寻找地外生命。

什么是生命？

生命泛指一类具有稳定的物质和能量代谢现象（能够稳定地从外界获取物质和能量，并将体内产生的废物和多余的热量排放到外界）。能回应刺激。能进行自我复制（繁殖）的半开放物质系统。生命个体通常都要经历出生、成长和死亡。

生命是怎样起源的？

这个问题现在还没有完全统一的答案。相关观点主要有 3 种：（1）生生论。认为生物不能自然发生，只能由其亲代产生。此种观点没有回答"最早的生物从何而来"的问题。（2）宇宙胚胎论。认为地球上最初的生物来自别的星球，它们可以通过陨石或其他运载工具到达地球。这种观点还缺乏令人信服的证

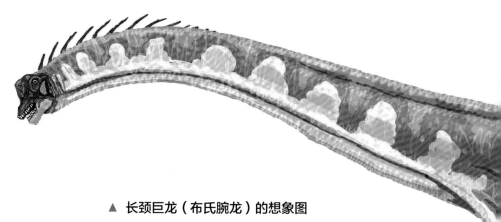

▲ **长颈巨龙（布氏腕龙）的想象图**

长颈巨龙是已知最长的恐龙，身长估计可超过 26 米，头部可高举至离地面 13 米。

长颈巨龙虽然体型庞大，但它却是食草的，所以并不具有攻击性。长颈巨龙的前肢长于后肢，颈部高举，外形类似长颈鹿，它具有凿状的牙齿，适合咬碎植物。

据，也没有说明最早的宇宙胚是种如何起源的。（3）化学进化论。认为在原始地球条件下，无机物可以转化为有机物，有机物可以发展为生物大分子和多分子体系，直到出现原始的生物体。这种观点比较符合科学事实。

地球上的生命是什么时候出现的？

地球的年龄约为 46 亿年。20 世纪 80 年代，澳大利亚一些学者在大洋洲西部诺斯波尔地区 35 亿年前的燧石地层中发现了一些丝状微化石，这表明至少在 35 亿年前生命就已在地球上存在了。我们熟悉的恐龙最早出现在 23000 万年前的三叠纪晚期，曾支配全球陆地生态系统超过 16000 万年。

什么叫自然选择？

生物在生存斗争中适者生存、不适者被淘汰的现象称为自然选择，这个理论最初由达尔文提出。

什么是进化论？

进化论又称演化论（Theory of Evolution），是指生物由低级到高级、由简单到复杂逐步演变的理论。

生命的基本特征是什么？

● 新陈代谢：生物体不断与周围环境进行物质和能量交换。

● 应激性：能对环境变化引起的刺激做出反应，包括感受刺激和反应两个过程。反应的结果是使生物"趋利避害"。

● 生长发育：通过新陈代谢而生长发育。

● 遗传变异和进化：任何一个生物个体都不能长期存在，它们通过生殖产生子代使生命得以延续。子代与亲代之间在形态构造、生理机能上的相似便是遗传的结果，而亲子之间的差异现象是由变异引起的。

● 对环境的适应性：每一种生物都有特有的生活环境，其特定的结构和功能总是适合于在这种环境条件下的生存和延续。

什么是遗传物质？

遗传物质即亲代与子代之间传递遗传信息的物质。除一部分病毒的遗传物质是核糖核酸（RNA）外，其余的病毒以及全部具典型细胞结构的生物的遗传物质都是脱氧核糖核酸（DNA）。

DNA 是一种分子，双链结构，由脱氧核糖核苷酸组成。可组成遗传指令，引导生物发育与生命机能运作。

基因（遗传因子）是编码蛋白质的 DNA 片段。基因支配着生命的基本构造和性能。生物体的生、老、病、死等生命现象都与基因有关。

▲ DNA 的双链结构图

什么是生物多样性？

生物多样性就是生命形式的多样性，更多的是指自然群落中的物种多样性。而物种多样性是指地球上动物、植物、微生物等生物种类的丰富程度。

维持生命存在的基本条件是什么？

维持生命的基本条件包括液态水、生命所必需的物质来源、生物体可用的能源、足够稳定的合适环境。

维持生命存在需要有哪些元素？

生命在新陈代谢中有几种元素是必需的。在宇宙中天然产生的 92 种元素中，仅有 21 种在地球生命中起主要作用，衍生生命的主要元素是碳、氢、氧、氮、硫和磷。

液体水对维持生命起什么作用？

水是优良的极性溶剂，为生命提供了一个合适的介质环境。溶液 pH（表示溶液酸性或碱性程度的数值）的大小和离子环境，决定着在溶液中进行的各种物理、化学反应的方向和程度。水不仅是反应介质，而且还是一些反应的直接参与者。在植物的光合作用、蛋白质的水解反应中，水是反应物；在氧化、聚合、葡萄糖酵解反应中，水又是生成物。

维持生物体可用的能源有哪些类型？

能量有许多种形式，但维持生命的能量必须是可驱动生物化学反应的适当形式。这些形式包括太阳光（通过光合作用）、热液系统的加热和化学能等。

生命对环境的稳定性有什么要求？

基本环境参数包括温度、盐分、环境酸碱性、压力环境、大气环境、电磁辐射环境和粒子辐射环境。环境的稳定性涉及地质稳定性和气候稳定性。影响环境稳定性的因素主要来自天体撞击、恒星的强电磁辐射和粒子辐射。

米勒－尤列实验说明了什么问题？

米勒－尤列实验是关于生命起源的经典实验之一，由芝加哥大学的史丹利·米勒与哈罗德·尤列于 1953 年主导完成，他们通过实验得出结论，认为有机分子形式能够来自于无氧大气层，同时最简单的生命体也可能孕育在这种早期环境中，其结果以"在可能的早期地球环境下之氨基酸生成"为题发表。米勒－尤列实验对之后探索前生物分子的非生物合成具有相当大的启发性，至今依然是教科书中关于生命起源的经典实验。

怎样定义地外生命？

地外生命指存在于地球以外的生命体。这个概念囊括了从简单的细菌到具有高度智慧的外星人的一切生命形式。

地外生命存在的可能性有多大？

从统计规律看，地球之外应当存在生命。仅在银河系中就有 1000 亿至 4000 亿颗恒星，而银河系只是宇宙中超过 1000 亿星系中的一员。根据某研究成果，每颗恒星至少有一颗行星，这样，宇宙中行星的数量就太大了。

地外生命存在的条件与地球相同吗？

从目前的观测数据可知，地球是人类所了解的天体中最适合生命存在的。有合适的大气层，较强的磁场，到太阳的距离适中。在宇宙中寻找这样的天体是比较困难的，因为满足这些条件的天体是非常稀少的。但从另一个角度看，不具备这些条件的天体不一定不能维持生命存在，如液体水可以是冰下或地下海洋，能量可以是来自内部释放的热量。总之，不能拿地球的条件作为确定一颗天体是否有生命的必需条件。

▶ 猴面包树，是一种产于非洲等地的巨型树木，当它果实成熟时，猴子就成群结队而来，爬上树去摘果子吃，"猴面包树"的称呼由此而来。本照片拍摄于马达加斯加岛。（供图／Bernard Gagnon）

41

▲ 一只三岁的美洲豹
（供图 /Bjørn Christian
Tørrissen）

地外生命可能有哪些类型？

如果一颗天体上有生命，这些生命一定适应了这颗天体的环境。而系外行星（指太阳系以外的行星）是多种多样的，因此地外生命的形式也必然多种多样。

地外生命也离不开水吗？

这不一定。地外生命也可能利用液体甲烷、液体乙烷等作为生物化学反应的媒介。

为什么要寻找地外生命？

- 地外生命问题是科学上的一大挑战；
- 有助于加深对生命起源与演变的认识；
- 提高人类认识宇宙的能力；
- 有助于人类深刻地认识自己在宇宙中的地位。

为什么说寻找地外生命能推动太空探索？

从技术的角度看，寻找地外生命是非常困难的。因为即使有地外生命，它们距离地球也非常遥远。人类与外星人联络需要有巨大的天线，有了这样的天线，无疑会推动射电天文学的发展。

分析来自远方的无线电信号，需要高级计算机和开发专用软件，这将推动计算机技术的发展。

发射飞船去探索太阳系内的天体，或者通过空间天文望远镜寻找太阳系外的类地行星，对探测技术提出了很高的要求。这将大大推动空间遥感探测技术的发展。

存在外星生物的物质基础是什么？

- 在一些太阳系外恒星周围的适居区内发现了类地行星；
- 在一些系外行星上发现了有机物；
- 已经发现在宇宙中年轻恒星周围的"化学工厂"中，能够产生比人类之前想象的要复杂得多的有机分子；
- 人类在陨石中发现了氨基酸。

默奇森陨石的发现有什么意义？

默奇森陨石是一块于 1969 年 9 月 28 日在澳大利亚维多利亚州默奇森附近发现的陨石，属于碳质球粒陨石，质量超过 100 千克，成分上，铁占 22.13％，水占 12％，有机物含量较高。它是世界上被研究最多的陨石之一。目前已在其中发现了超过 100 种氨基酸，其中包括常见氨基酸，如甘氨酸、丙氨酸和谷氨酸，也包括一些罕见的氨基酸。1997 年科学家测定了陨石中同位素的含量，发现默奇森陨石中氮 15 的含量与地球相比较为丰富，说明这些氨基酸不是来自地球，而应是原来就存在于陨石中的。这些发现对于更好地认识地球上生命的诞生和演化过程具有非常重大的意义。有理论认为，在地球上最初生命体形成的时期，正是大量撞击地球的天体中存在的这些化合物给地球带来了大量的有机物，而这些有机物富集起来便构成了地球上生命的化学基础。

▲ 华盛顿国立自然历史博物馆的默奇森陨石样本

彗星在地球生命起源中发挥什么作用？

关于地球生命起源一直以来有多种说法，其中一种说法是，彗星尘埃带来的有机分子帮助地球产生生命。德国和美国的研究人员利用星尘号探测器，于 2004 年首次在彗星尘埃中发现了在生命形成过程中起重要作用的一种辅酶——辅酶 Q，从而为这种说法提供了新的佐证。辅酶与其他许多分子随着彗星尘埃在几十亿年前抵达地球，它们促使含氮和碳的化合物产生基因构件。在水和其他因素的共同作用下，生命可能由此产生。辅酶 Q 本身可能是在宇宙射线作用下由矿物颗粒表面存在的分子产生的。

地外生命的演化也遵循自然选择吗？

自然选择是指生物在生存斗争中适者生存、不适者被淘汰的现象。这种现象只有在生命发展到相当的程度时才会出现。因此，地外生物的演化是否遵循这个原则，要看该星球上生命发展的程度。

人类是否考虑将地球的微生物发送到其他星球？

目前人类还没有这个主动的想法。但人类已经向太阳系的许多天体发射了探测器，有的是着陆器，有的是轨道器。轨道器运行到一定时间后，将坠毁到该天体上。因此，行星际探测器在离开地球之前，如果"消毒"不彻底，也会不自觉地将微生物发送到这些天体上。

维持地外生命的元素一定要与地球上的一样吗？

关于这个问题一直存在争论。有的学者认为，在适居区之外，有可能通过地热等方式维持地底的生物圈，也有生物能够在高砷低磷的环境下存活。这说明生物组成"必备"的六大基本元素——碳、氢、氧、氮、磷、硫，可能不是必需的。除了碳基生命之外，有人认为地外生命也可能以硅基、硫基、氨基等生命形态存在。

砷元素能构筑生命分子吗？

2012 年 7 月的美国《科学》杂志网络版有一篇论文，驳斥了关于特殊细菌可利用砷来代替磷元素构筑生命分子的研究成果后，NASA 的科学家发表声明，表示相关研究尚未结束。

NASA 的天体生物学研究项目的一个研究团队于 2010 年 12 月在《科学》杂志上发表文章称，在美国加利福尼亚州东部的莫诺湖里生活着一种被称为 GFAJ-1 的细菌，这种细菌能利用砷来代替磷元素构筑生命分子。论文发表后引发了不小的震动。

现有的学说认为，碳、氢、氧、氮、磷、硫是组成地球生命的六大基本元素。磷元素在细胞中起着极为重要的作用，包括维持遗传物质的构架、参与形成细胞膜等。如果构成生命的基本元素可以由其他元素替代，人类对生命的认识将发生重大改变。

什么是嗜极生物？

嗜极生物是可以（或者需要）在"极端"环境中生长繁殖的生物，通常为单细胞生物，一般包括以下类型。

嗜酸生物：最适生长 pH 小于等于 3 的生物。

嗜碱生物：最适生长 pH 大于等于 9 的生物。

嗜盐生物：需要最少 0.2 摩尔 / 升盐浓度生活的生物。

耐金属生物：可以忍受高浓度重金属（如铜、镉、砷、锌）的生物。

寡氧生物：在氧浓度很低的环境中生活的生物。

好氧生物：能在有氧的环境中生存及生长的生物。

微耗氧生物：需要较低氧气分压生活的生物。

厌氧生物：不需要氧气生长的生物，一般都是细菌。

石内生物：生活在岩石内部的生物。

石下生物：生活在沙漠地区或极地岩石之下的生物。

嗜压生物：最适于生长于高压环境的生物。

嗜冷生物：生活在 15℃或者更低温度下的生物。

嗜热生物：可以在相对高的温度下（上限 60℃）生活的生物。

▲ 大白鲨（供图 /Hermanus Backpackers）

超嗜热生物：可以在更高的温度下（60～130℃）生活的生物。

耐旱生物：只需要少量水分就能生活的生物。

耐辐射生物：可以忍受高强度辐射的生物。

低温环境对生命有什么影响？

低温对生物的伤害可分为冷害和冻害。冷害是指喜温生物在 0℃以上的温度条件下受害或死亡。冻害是指冰点以下的低温使生物内形成冰晶而造成的损害。冰晶的形成会使原生质膜发生破裂并使蛋白质失活与变性。

47

缺氧对人类有什么影响？

缺氧对人体健康的影响非常大，不管是呼吸、血液还是其他原因造成的缺氧，其结果都是一样的，会对人体各个器官造成急性或者慢性损害，严重者还会危及生命。缺氧影响最大的器官就是大脑，因为人的中枢神经是最敏感的部位。如果大脑缺氧，人的精神就会出现兴奋，随着缺氧时间

◀ 雪曼将军树（General Sherman Tree），是世界上最大的树，高 83.8 米，位于美国加利福尼亚州的红杉国家公园内，树龄为 2300 ～ 2700 年。

（供图 /Jim Bahn）

和程度的加重，大脑则由兴奋转入抑制状态，最终导致昏迷。如果大脑缺氧时间超过 6 分钟，会导致脑细胞不可逆性死亡。

地外生命能否在缺氧的情况下生存？

在地球上已经发现有些生物可以在缺氧的情况下生存。因此，地外生命也完全有可能在缺氧的情况下存在。

地外生命能否存在于冻土层中？

在地球上已经发现有些生命可以生存于冰和极低温度的环境中，因此，地外天体完全有可能在冻土层中存在生命。

什么叫冰虫？

冰虫是目前所知最耐寒的生物，分布在寒冷冰川中，是地球上极少数能在 0℃以下生存的生物。冰虫的酶在接近 0℃时仍有活力；但若温度超过 5℃，酵素便会消化其细胞膜，把冰虫本身给溶化。冰虫可达数厘米长，体色有黑、蓝、白等。冰虫在清晨及傍晚时会接近冰层表面，以雪水、藻类和花粉为食。

什么叫热液喷泉？

从海底岩石裂隙喷涌出的热水泉称为海底热液喷泉。

什么叫海底黑烟囱？

从热液喷泉喷出来的热水就像烟囱一样，目前发现的热泉有白烟囱、黑烟囱和黄烟囱。

现代海底黑烟囱的研究始于 1978 年，当时，美国的阿尔文（Alrin）号载人潜艇在东太平洋洋中脊的轴部采得了由黄铁矿、闪锌矿和黄铜矿组成的硫化物。1979 年又在同一地点 2610 ～ 1650 米以下的海底熔岩上，发现了数十个冒着黑色和白色烟雾的烟囱，约 350℃的含矿热液从直径约 15 厘米的烟囱中喷出，与周围海水混合后，很快产生沉淀变为"黑烟"，沉淀物主要由磁黄铁矿、黄铁矿、闪锌矿和铜 – 铁硫化物组成。这些海底硫化

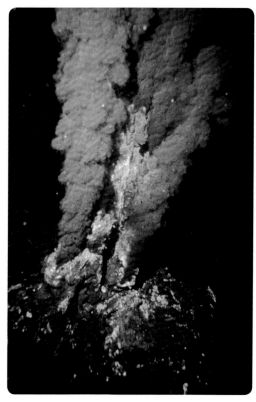

▲ 海底黑烟囱

物堆积形成直立的柱状圆丘，称为"黑烟囱"。

研究海底黑烟囱有什么意义？

在海底黑烟囱周围广泛存在着古细菌，这些古细菌极端嗜热，可以生存于 350 ℃ 的高温热水及 2000 ～ 3000 米的深水环境中。黑烟囱喷出的矿液温度可高达 350℃，并含有 CH_4 等有机分子，为非生物有机合成，如此环境可以满足各类化学反应，有利于原始生命的生存。

科学研究表明，只有地球早期的环境才与海底黑烟囱类似，一些学者为此提出了原始生命起源于海底黑烟囱周围的理论，认为地球早期水热环境和嗜热微生物可能非常普遍，地球早期的生命可能就是嗜热微生物。

热液喷泉附近有动物吗？

在海底热液喷泉附近，动物的品种是很多的。

海底火山附近有动物吗？

在海底火山附近，温度很高，但也发现有动物存在。

研究地球的极端生命与寻找地外生命有什么联系？

本书之所以列举了在地球极端环境下的生命，就是想要说明，在寻找地外生命的时候，条件不能太苛刻。既然地球上在极端环境下都有生命存在，与地球极端环境相近的地外环境也可能存在生命。

为什么我们优先在可能有水的地方寻找生命？

这主要基于两方面的考虑。一是根据地球上的情况，生物体内含有大量的水分，水显然是地球生命存在的必要条件；二是在已知的液体中，水以液体状态存在的温度范围最大。

太阳系内的天体有哪些与地球的极端环境类似？

火星的气候寒冷而干燥，没有液体水，但许多地区存在冰冻土，有水冰；

木卫二（欧罗巴）表面是冰冻层，但冰层下面很可能有液体海洋；

土卫六（泰坦）可能存在地下水；

土卫二（恩塞拉达斯）的表面寒冷，但南极地区经常喷发出以水为主要成分的羽烟。

太阳系哪些天体有水存在？

现在能判别有水冰存在的地球之外的行星有火星和水星。

能判别有水冰存在的卫星有月球；木星的卫星木卫二、木卫三和木卫四；土星的卫星土卫六、土卫二、土卫一、土卫三、土卫四、土卫五、土卫七和土卫八；天王星的卫星天卫一、天卫五；海王星的卫星海卫一。

矮行星表面基本都有冰层；开伯带天体都是冰冻的小天体；彗星的彗核内含有大量水冰。

相当多数量的小行星含有水冰。

第 3 章
"给他们打个电话"
——寻找地外文明计划

寻找地外文明（SETI）计划是人类寻找地外生命的一种方法，其目的是通过接收来自宇宙空间的无线电信号，从中辨别出可能是地外文明发出的信息。当然，人们对这项工作也有不同的认识。

探测地外生命的无线电波，最重要的工具是射电望远镜。本页图为阿雷西博射电望远镜，直径达到 350 米。

与地外文明沟通有哪些方法？

当前，与地外文明沟通的最好办法还是无线电通信。因为电磁波的传播速度是光速，是人类所知最快的速度。

为什么还无法将飞船发射到其他恒星附近？

距离地球最近的恒星，光需要走 4.3 年。如果人类制造出 1/10 光速的飞船，也需要 43 年的时间才能到达，何况目前还没有能力造出速度如此之快的飞船。因此，人类在短时间内还无法将飞船发射到其他恒星附近。

寻找地外文明计划是怎样产生的？

1959 年，美国康奈尔大学的两名物理学家写了一篇文章，登在英国著名的《自然》杂志上。根据他们的分析，如果宇宙中别的地方有智慧生命，而且它们的科学水平与我们 1959 年的水平相当，那么，它们应该可以收到地球人发射的无线电信号。同样，如果他们想向人类发射无线电信号，人类也可以收到。尽管距离极其遥远，需要几百、几千年才能交谈一句话，但是毕竟是可以交流的，于是诞生了"寻找地外文明"（Search for Extra-Terrestrial Intelligence，SETI）计划。

怎样辨别接收到的无线电信号是来自外星人的？

从遥远星球发出的无线电信号，一般都是从恒星发出的射电辐射，是杂乱无章的，也可以说是宇宙噪声。如果人类接收到外星人发出的信号，这些信号一定以某一频率为载频，将信号（图形、文字或声音）调制于载频上。人类是可以辨别噪声和被调制的载频的。如果真的接收到外星人发出的信号，尽管我们还不能破译其中的含义，但总是可以将它们从噪声中分辨出来。

SETI 计划需要什么样的设备？

探测地外生命的无线电波，需要"精兵利器"，这个"兵器"就是射电望远镜。它的形状像一口"锅"，"锅"的直径越大，收集到的信号就越多。

什么是德瑞克方程？

1961 年，天文学家弗兰克·德瑞克（Frank Drake）在一次科技大会上，提出了一个著名的方程，这就是"德瑞克方程"（Drake Equation），他用一个简单的方程，计算出宇宙存在其他生命的可能性。方程式是这样的：

$$N=R \times f_p \times n_e \times f_l \times f_i \times f_c \times L$$

也许对于方程中的某些变量，我们无法得出准确的数值，也许随着科技的进步，这些变量的值会发生很大的变化，但德瑞克方程的意义在于把寻找地外生命这样一个表面无从下手的问题，通过数学方程的方式，进行分解，一步一步地深入，把可能有影响的各种因素都考虑在内，完整地解决了这个问题。

SETI 计划发现过外星人发出的信号吗？

寻找地外文明计划开展以来，人们投入了极大的精力，期待能发现外星人的信号，终于在 1977 年取得了成果。

"Wow！"信号是 Ehman 在 1977 年 8 月 16 日检测到的一个明显的窄频

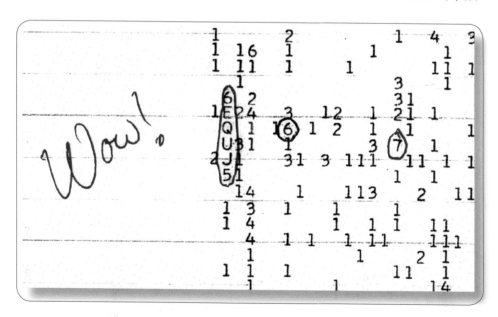

▲ "Wow！"信号

无线电信号，当时使用的接收设备是俄亥俄州州立大学的巨耳无线电望远镜。这个信号的特征显示它并非是来自类地行星和太阳系内的信号，并且巨耳无线电望远镜完整且持续观测了 72 秒，但是之后再也没有收到这种信号。惊讶于这个信号与星际信号天线选单中使用的信号是如此吻合，Ehman 在打印机的报表上圈出了这个信号，并在旁边写上了"Wow！"，而这个注记就成为这个信号的名称。当谈到 SETI 的成果时，许多媒体都会聚焦在这一事件上。

为什么这个信号只持续了 72 秒？这是因为射电望远镜的周期是 72 秒，所以当时只观测到了一个完整的周期信号。

虽然人类再也没有侦测到类似的信号，但人类也无法证明这是一个误会或是地球上的信息。这个信号的发现，给了人们无限的希望与遐想。

"阿雷西博信息"是怎么回事？

1974 年 11 月 16 日，为庆祝阿雷西博射电望远镜完成改建，人们透过该望远镜向距离地球 25000 光年的球状星团 M13 发射了"阿雷西博信息"，希望可以和外星人联系。该信息共有 1679 个二进制数字，而且 1679 这个数字只能由两个质数相乘，因此只能把信息拆成 73 条横行及 23 条直行，这是假设该信息的读者会先将它排成一个长方形。

阿雷西博信息用 0-1 代码的形式向地外生命表达了地球上的重要化学成分 DNA 等的重要信息。

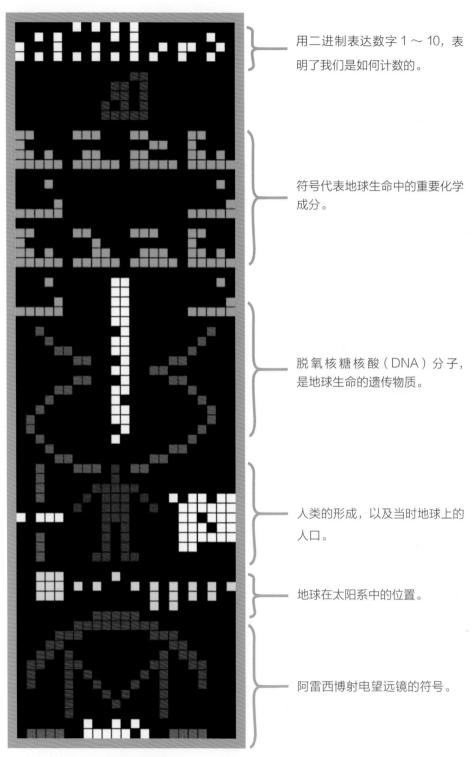

用二进制表达数字 1 ～ 10，表明了我们是如何计数的。

符号代表地球生命中的重要化学成分。

脱氧核糖核酸（DNA）分子，是地球生命的遗传物质。

人类的形成，以及当时地球上的人口。

地球在太阳系中的位置。

阿雷西博射电望远镜的符号。

▲ 阿雷西博信息

中国参与 SETI 计划了吗？

前面介绍了许多国家如火如荼地开展寻找地外文明计划，我们不禁要问，中国参与了吗？令我们非常自豪的是，答案是肯定的，"中国功夫"将在这个舞台闪亮登场，并至少引领风骚三十年。中国的这一"独门绝技"便是由中国天文界提出建造的世界上最大的单口径射电望远镜——500 米口径球面射电天文望远镜（Five-hundred-meter Aperture Spherical radio Telescope，FAST）。

寻找地外生命的最佳兵器是射电望远镜，而射电望远镜的口径直接决定了它的观测能力。我国地大物博，地形多种多样，这为建造大型射电望远镜的选址提供了先天的便利条件。中国参与 SETI 计划的射电望远镜设在贵州的大窝凼洼地。

▼ 贵州的大窝凼洼地

▲ 建成后的 FAST 示意图

SETI 计划中的微波频率是根据什么选择的？

由于宇宙中存在各种波长的无线电噪声，进行星际无线电波交流的最佳波长在 21 厘米左右。因为在这个波长附近宇宙噪声最低，无线电信号也容易穿过地球的大气层。

微波频率选择的是宇宙中含量最高的氢原子的频率。因为如果有地外生命的话，如果他们的文明已经发展到与人类差不多的程度，那么他们也应该知道宇宙中含量最丰富的元素是氢元素，按照一种普遍的思维模式，他们也自然会选择氢元素的频率来发射微波信号。

艾伦望远镜阵有多大？

艾伦望远镜阵由 350 个天线构成，目前只完成了第一期工程，有 42 个天线投入使用。下图是完全建成后的艾伦望远镜阵示意图。

▲ 建成后的艾伦望远镜阵示意图（供图 /Jcolbyk）

参与 SETI 计划的望远镜还有其他用途吗？

其实，参与 SETI 计划的射电望远镜的主要任务是进行射电天文学观测和深空通信，寻找地外生命只是其任务的很小一部分。

人类还有其他的 METI 行动吗?

METI 是 Messaging to Extra—Terrestrial Intelligence 的缩写,意为向地外智能发送信息。"阿雷西伯信息"被发射之后,人类还有三次比较大规模的 METI 发射活动,分别是 1999 年的"宇宙的呼唤"、2001 年的"青少年的信息"和 2008 年的"来自地球的信息"。

这些信息发射的目标距离地球都较近,最近的是"宇宙呼唤 2"中的一个发往仙后座 Hip 4872 恒星的信息,预计该信息在 2036 年 4 月到达,如果那里真的存在地外生命的话,我们最早可以在 2068 年收到他们的回复。

向太空发出的信息有商品广告吗?

2008 年 6 月 12 日,设在北极圈的高功率雷达向太空广播了 6 小时的多力多滋玉米片广告。电磁波指向距离地球 42 光年的大熊座,这里有个适居区,可能含有类似地球的行星和地外生命。

为什么发送特殊酶的信息?

在"阿雷西博信息"发送 35 周年的时候,美国麻省理工大学生物学家和艺术家将 1,5- 二磷酸核酮糖羧化酶 / 加氧酶(RuBisCo)的基因编码发向太空。RuBisCo 是地球上最丰富的蛋白质,发送这种信息是为了表达地球上的生命。

对 SETI 计划有不同意见吗?

SETI 计划从 1960 年开始执行,至今已经 50 多年了,许多国家的科学家进行了探索,虽不能说一无所获,但至少可以说没有重要发现。这自然引出一个问题:用这种方式寻找地外文明是否可行? 是否真的存在地外文明?

对于第一个问题,目前还不能下结论,因为工作仍在继续,许多新的观测设施还将陆续上马;对于第二个问题,可以说是一直争议很大。

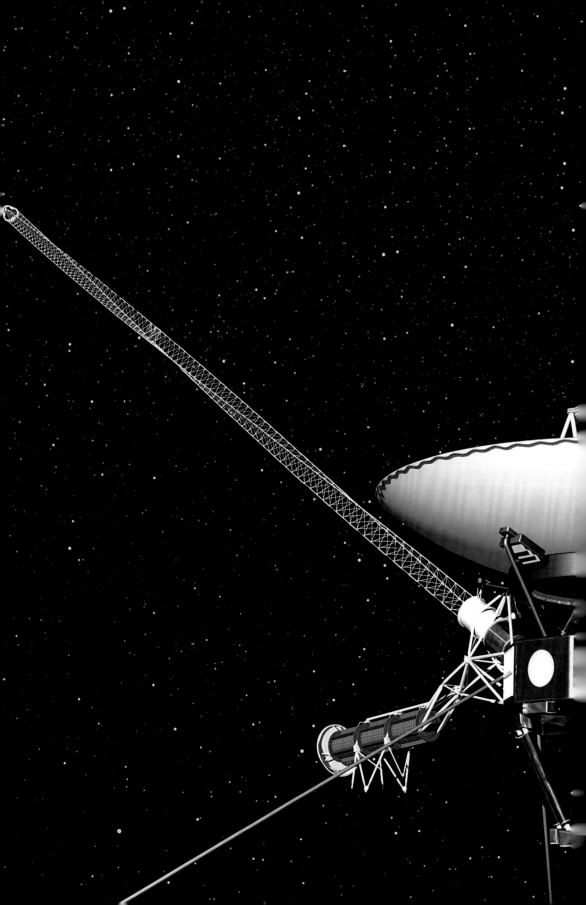

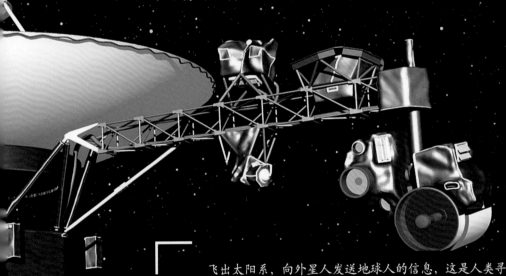

第4章

投向太空的“漂流瓶”

　　飞出太阳系，向外星人发送地球人的信息，这是人类寻找地外生命的一种独特的方式。实践这种方式的就是旅行者号飞船。

　　旅行者号飞船在完成了到木星、土星、天王星与海王星附近的旅行之后，携带着地球人向外星人的问候，向太阳系的边缘飞去。此举具有实际意义，还是仅具有象征性？旅行者到底携带了哪些信息？目前飞到了什么地方？状态如何？

旅行者计划的主要目的是什么？

旅行者计划（Voyager Program）是美国的无人太空探索计划，包括旅行者 1 号与旅行者 2 号探测器。它们都在 1977 年发射，并从 20 世纪 70 年代末开始探测太阳系的行星。虽然旅行者计划一开始只设计了对木星和土星进行探测，不过这两个探测器最终都抵达了太阳系边缘，并持续传回相关信息。旅行者 1 号与 2 号探测器目前仍持续朝太阳系外前进。旅行者 1 号是目前距离地球最远的人造物体。

旅行者号探测器是按什么路线飞行的？

旅行者 2 号和 1 号探测器分别于 1977 年 8 月 20 日和 1977 年 9 月 5 日发射，之后一直向外太阳系飞去。旅行者 1 号先后飞越木星和土星；旅行者 2 号先后飞越木星、土星、天王星和海王星，然后向太阳系的边缘飞去。

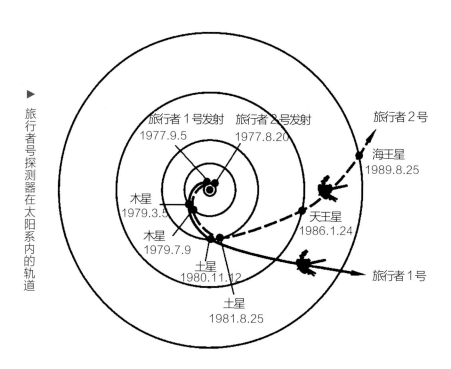

旅行者号探测器在太阳系内的轨道

旅行者 1 号在太阳系进行了哪些探测活动？

旅行者 1 号在 1979 年 1 月开始对木星进行拍摄，3 月 5 日距离木星最近，仅有 34.9 万千米。在 48 小时的近距离飞行时间内，它对木星的卫星、环、磁场以及辐射做了深入了解，拍摄了许多高分辨率的照片。旅行者 1 号的一个重大发现是在木卫一上有火山活动。

旅行者 1 号于 1980 年 11 月飞越土星，于 11 月 12 日最接近土星，距离土星最高云层 12.4 万千米。旅行者 1 号探测到的土星环的结构比想象中还要复杂，并且发现土卫六上拥有稠密的大气层，这让科学家们兴奋不已，于是喷气实验室的控制人员最终决定让旅行者 1 号驶近土卫六，进行深度研究。结果造访天王星和海王星的任务只能交给旅行者 2 号去完成。这次靠近土卫六的决定使旅行者 1 号受到了额外的引力影响，最终结束了行星探测任务。

旅行者 2 号在太阳系进行了哪些探测活动？

旅行者 2 号在 1979 年 7 月 9 日最接近木星，在距离木星云顶 57 万千米处飞越。这次探测中，它发现了几个环绕木星的环，并对木卫一进行了拍照。在木星范围内逗留了数天之后，旅行者 2 号便马不停蹄地奔赴土星，并于 1981 年 8 月 25 日最接近土星，使用雷达对土星的大气层上部进行探测，测量了大气层的温度及密度等参数。1986 年 1 月 24 日，旅行者 2 号最接近天王星，并发现了 10 个以前未知的天然卫星。1989 年 8 月 25 日，旅行者 2 号最接近海王星。由于这是旅行者 2 号最后一颗能够造访的行星，所以决定将它的航道调整至靠近海卫一的地方。旅行者 2 号也在探测中发现了海王星的大黑斑。

由于冥王星被降为矮行星，所以当旅行者 2 号在 1989 年飞越过海王星之后，标志着人类完成了一个壮举，那就是人造航天器至少对太阳系内所有行星都探访过一次。

旅行者号星际飞行的任务是什么？

1989 年 8 月 25 日，随着旅行者 2 号飞越海王星，旅行者号的基本任务已经完成，至此，两个探测器已经在太阳系内飞行了 12 年。星际任务是原定

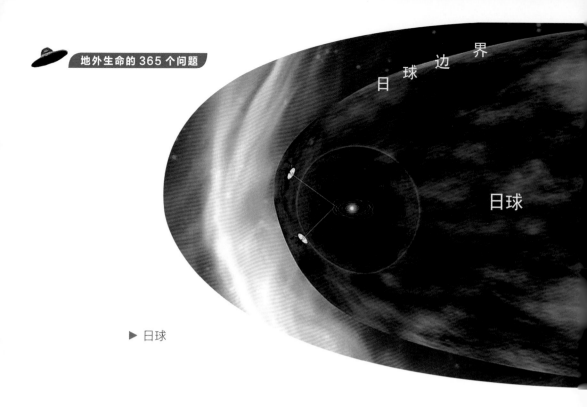

日球边界

日球

▶ 日球

任务的扩展，它的一个重要科学目标就是研究日球物理学。所谓日球，就是太阳风与星际风达到平衡时产生了一个边界，由这个边界所包围的区域称为日球。

旅行者号探测器的结构有什么特点？

旅行者 1 号和 2 号探测器的结构是相同的。考虑到行星际飞行的特点，通信天线的孔径比较大，抛物线天线的直径为 3.7 米。另外，由于远离太阳，太阳能电池的效率大大降低，因此采用放射性同位素热电电源。每颗探测器使用了 3 个这样的电源，每个电源的功率为 157 瓦，使用寿命为 87.7 年，至少可用到 2025 年。

旅行者号探测器携带了哪些仪器？

旅行者号探测器携带了 11 个探测仪器，包括成像仪器、无线电科学仪器、红外光谱仪、紫外光谱仪、磁强计（测量磁场）、等离子体探测仪器、带电粒子探测仪、宇宙线探测仪、行星射电天文研究仪器、偏振计系统和等离子体波探测仪器。

旅行者号怎样与地球通信？

由于旅行者号远离地球，因此，如何与地球通信就成为一个难题。解决这个问题靠两种方法：一是旅行者号本身的大孔径天线，二是需要利用地球上的深空通信网。

深空通信网（Deep Space Network，DSN）是 NASA 支援星际任务、无线电通信以及利用射电天文学探测太阳系和宇宙的一个国际天线网络，这个网络同样也支持某些特定的地球轨道任务。目前深空网络由三处呈 120° 分布的深空通信设施构成：一处在美国加利福尼亚州的戈尔德斯通，位于巴斯托市附近的莫哈维沙漠之中；一处位于西班牙马德里附近；一处位于澳大利亚的堪培拉附近。这种安排使得它在地球自转过程中能连续观察深空的目标。

深空通信网的天线有多大？

为了能接收到来自深空的微弱信号，天线必须具有很大的孔径。目前最大的天线，其抛物线的孔径为 70 米。如果使用较小的天线，则需要同时使用多个天线组成网络。

《暗淡蓝点》是一张什么样的照片？

下页这张叫作《暗淡蓝点》的照片，是由旅行者 1 号于 1990 年 2 月 14 日拍摄的，拍摄的地点是位于 64 亿千米之外的太空空间。当时旅行者 1 号刚完成基本任务，正准备离开太阳系。在天文学家卡尔·萨根的强烈要求下，NASA 决定不惜耗费对空间探测器来说极其宝贵的能源和影像资源，发出指令，让旅行者 1 号向后拍摄它所探访过的行星。

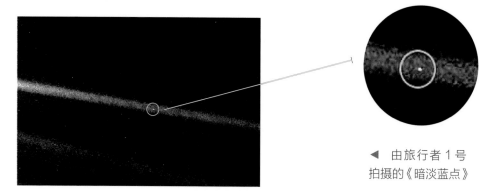

▶ 由旅行者 1 号
拍摄的《暗淡蓝点》

这张照片对天文学和宇宙学来说，可能用处不大，但它带给人类的震撼却远远超过了任何一篇学术论文。原来在宇宙中，地球只是一个渺小的"暗淡蓝点"，悬浮在太阳系漆黑的背景之中。我们以为自己在宇宙里的位置多么优越，但这个小蓝点却提示我们，我们原来是如此的不起眼——如果不细细指明，我们可能根本无法从这张图片中找到我们的家园。

旅行者号拍摄到的太阳系全家福是什么样的照片？

太阳系全家福是由旅行者 1 号于 1990 年 2 月 14 日拍摄的合成照片。拍摄时间是在旅行者 1 号离开太阳系八大行星后，星际任务开始之前。这些照片也是《暗淡蓝点》照片的来源所在。

这些照片是由旅行者 1 号在处于 64 亿千米外的外太空，与黄道面呈 32° 角时拍摄的。NASA 当时从发射回地球的图像中，选出 60 张照片，连线达 6 米之长。从这张由 60 张单独照片合成的照片中，可看到（从右至左）：海王星（N）、天王星（U）、土星（S）、金星（V）、地球（E）及木星（J）。

▼ 由旅行者 1 号拍摄的太阳系全家福

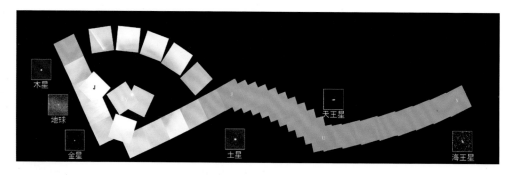

不过这张全家福仍然遗漏了水星、火星和当时仍被列为行星的冥王星。水星因为太过接近太阳而拍摄不到；火星是因为太阳的散乱光线影响了探测器上的镜头而拍不到；冥王星则因为体积太小且离太阳较远而照射不到足够光线。

　　这张全家福是合成照片，并非是一次曝光拍摄的，其中，有为数不少的照片是经过不同的曝光及使用不同的滤光器拍摄而成，以便尽可能提高拍摄对象的具体特征。

旅行者用什么方式携带地球人的名片？

　　旅行者 1 号和旅行者 2 号携带了人类为地外生命精心准备的礼物，礼物的载体是一张金唱片，唱片内收录了用以表述地球上各种文化及生命的声音及图像。唱片封套上包裹了一块高纯度的铀 238，根据它的半衰期，地外生命可推算出探测器的发射日期。人们希望旅行者号携带的金唱片能够被宇宙中的其他外星高智慧生物发现。

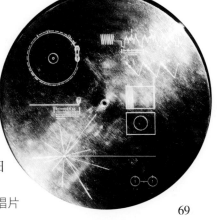

　　旅行者探测器将在 4 万年后，才会靠近距地球最近的一颗恒星。要是在航行途中一直都没被发现的话，那么金唱片就要至少约 4 万年后才可能被发现，所以这张唱片似乎更具象征性。

旅行者携带的金唱片中含有哪些信息？

　　唱片 A 面的内容包括：美国时任总统卡特签署的电文；联合国时任秘书长瓦尔德海姆口述的录音祝辞；地球上 55 种语言的问候语；35 种自然界音响；27 种世界名曲。

　　唱片 B 面的内容包括：116 幅图画和照片。

联合国秘书长的录音祝辞是什么内容？

　　作为联合国的秘书长，一个包括地球上几乎全部人类的 147 个国家组织的代表，我代表我们星球的人民向你们表示敬意。我们走出我们的太阳

▶ 旅行者携带的金唱片

系进入宇宙，只是为了寻求和平与友谊。我们的星球和它的全体居民，只不过是浩瀚宇宙中的一小部分。正是带着这种善良的愿望，我们采取了这一步骤。

美国总统卡特签署的电文是什么内容？

这是一个来自遥远的小小星球的礼物。它是我们的声音、科学、形象、音乐、思想和感情的缩影。我们正在努力使我们的时代幸存下来，使你们能了解我们生活的情况。我们期望有朝一日解决我们面临的问题，以便加入到银河系这个文明大家庭。这个地球之音是为了在这个辽阔而令人敬畏的宇宙中寄予我们的希望、我们的决心和我们对遥远世界的良好祝愿。

金唱片中有中国人的问候吗？

有，包括普通话、广东话、厦门话和上海、浙江一带的方言吴语四种方言。首先是一位女士用广东话向外星人发出的亲切问候："各位都好吗？祝各位平安、健康、快乐！"接着是一位厦门妇女口音："太空朋友，你们好。你们吃过饭吗？有空儿来这儿坐坐。"吴语的问候话是："祝大家好！"最后是一位男子说的标准普通话："各位都好吧！我们都很想念你们，有空请到这里来玩！"

金唱片中自然的声音有哪些类型？

A 面第二部分用 12 分钟录下了 35 种地球自然界的各种音响：表示地球沿轨道运行中急速的风驰电掣声；火山爆发声、滂沱大雨声；生命的萌发声，海浪拍岸的波涛声；火车、飞机、汽车疾驰的轰鸣声，土星 5 号火箭发射声等反映人类技术进步的声音；初生婴儿的第一声啼哭声、妈妈的吻、呼吸声、脉搏声、人的笑声、脚步声；还有各种鸟啼、犬吠、兽吼、虫鸣声；风声、流水声、脉冲星天电干扰声和宇宙噪声等。

金唱片中有哪些世界名曲？

A 面第三部分，用了 90 分钟，有精心选择的 27 首古今世界名曲录音。以巴赫的《布兰登堡第二协奏曲》的第一乐章为开始曲，接着是丘克·贝利的《约翰 B，再见》；还有小夜曲《黑沉沉的夜》《新几内亚人的房子》，以及西方的爵士音乐、摇摆舞曲；世界许多民族的歌曲，最后是贝多芬的降 B 大调第 13 号弦乐四重奏（作品第 130）第五乐章（小歌）作为压轴曲而终止。

金唱片中有中国的音乐作品吗？

有，金唱片中入选的中国作品是用古琴演奏的古典乐曲《高山流水》。

金唱片中图画和照片主要有哪些类型？

B 面有 116 幅图画和照片，包括几何图形圆、太阳系在银河系中的位置、地球大气层的化学成分、DNA 图、人体图解、地球的海洋、山脉、花卉、昆虫、海洋生物；人类在吃饭、工作、玩耍的图像和不同民族的图画；埃及金字塔、美国旧金山的金门大桥以及联合国大厦等的图像；太空行走中的宇航员、黄昏的景色等。

▲ B 面的部分图画和照片

金唱片中有哪些来自中国的图像？

关于中国的图片有两幅：长城及中国人的晚餐。

▲ 金唱片中有关中国的图片

旅行者号现在飞行到了什么区域？

旅行者 1 号现在进入了太阳系和星际空间之间的一个新区域，称为不活跃区域。这个区域的内边界大约位于 113AU（AU 指天文单位，表示地球与太阳之间的平均距离），旅行者 1 号探测器目前大约在 119AU 处。

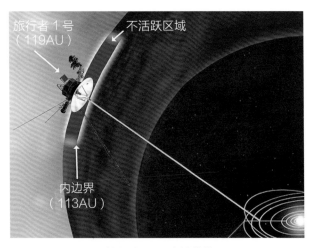

▲ 旅行者 1 号当前的位置

旅行者号上的仪器能用多久？

旅行者号所携带的科学仪器正在陆续关闭。等离子体仪器于 2007 年关闭电源，射电天文学仪器于 2008 年停止使用，磁带记录器于 2015 年停用，陀螺仪将于 2016 年停用，电源耗尽不早于 2025 年。旅行者 1 号的低能带电粒子仪器、宇宙线探测器、磁强计和等离子体波分系统可持续用到 2020 年。

还有哪些航天器携带了人类的信息？

美国于 1973 年 4 月发射的先驱者 11 号是第二个用来研究木星和外太阳系的空间探测器。与先驱者 10 号不同的是，先驱者 11 号不仅拜访木星，它还利用木星的强大引力改变轨道飞向土星。靠近土星后，就顺着它的逃离轨道离开太阳系。探测器在 1985 年 2 月因电池提供的电力开始下降，最终，基于放射性同位素热电电源所提供的能源不足以再进行任何实验，探测器的运作及遥测数据于 1995 年 9 月 30 日终止传送。在终止运作之前，探测器正处于距离太阳约 44.7AU 的位置，并正以每年 2.5AU 的速度飞行。

与先驱者 10 号一样，先驱者 11 号上同样携有一块载有人类信息

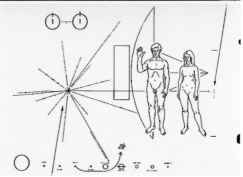

▲ 先驱者 11 号及其携带的镀金铝板

的镀金铝板。倘若该探测器被外星的高智慧生物捕获，这块镀金铝板将会向他们解释这个探测器的来源。铝板上绘有一名男性和一名女性的图像、氢原子的自旋跃迁，以及太阳与地球在银河系里的位置。

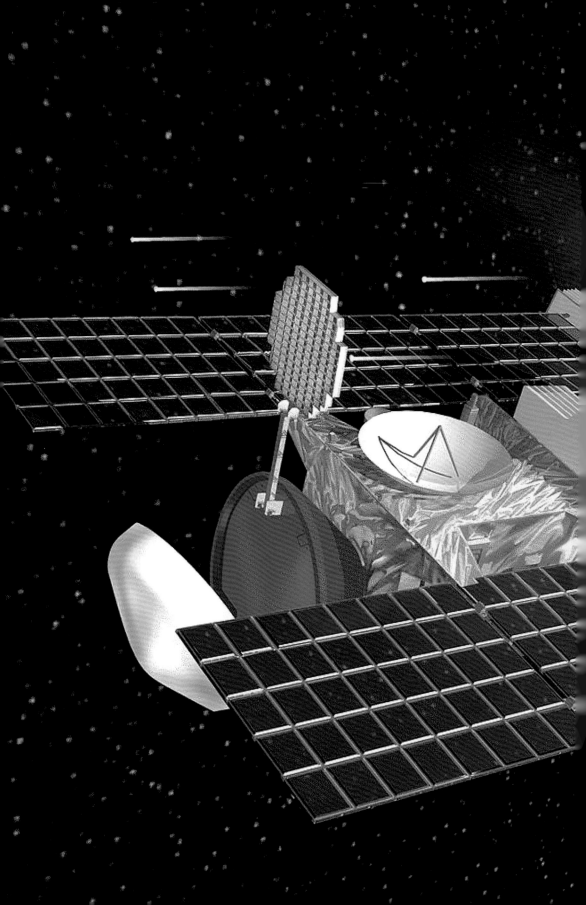

第 5 章

寻找"太阳之家"的兄弟姐妹

自 1959 年 1 月 2 日苏联发射"月球 1 号"以来，人类已经实现了对太阳系天体飞越、环绕、着陆、取样返回和载人探测（只在月球实现）等五种探测方式，极大地加深了人类对太阳系的认识。本章介绍了人类在太阳系天体中寻找地外生命方面的进展，特别是对火星、木卫六、土卫二和土卫六探测所取得的成果。目前虽然还没有获得突破性的成果，但人类正在向预期的目标靠近。

▲ 火星

火星上有哪些利于生命存在的条件？

与水星和金星相比，火星的整体环境要好得多：

● 有一个稀薄的大气层，比水星的稠密，比金星的稀薄；

● 极区含有大量的水冰，若这些冰完全溶化，覆盖全球的水将深达 21 米；

● 有证据表明，火星过去曾是温暖潮湿的气候，火星表面有许多河道。

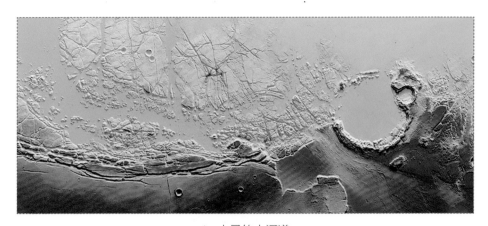
▲ 火星的古河道

▲ 水流产生的冲积扇结构

"火星人"是真的吗？

勇气号火星车曾拍摄到一个"火星人"坐在岩石上休息的图片，形象很逼真。其实这张图是风化岩石的造型。除了火星人之外，特殊的造型还有火星脸、火星心和火星兔等。

▲　勇气号火星车拍摄到的图片

真的有火星运河吗？

从 19 世纪末到 20 世纪初，人们在观测火星时发现火星表面有许多线条状的东西。于是有人推测，火星上面已经出现了智慧生物，他们建设了一个范围广阔的运河网，把水从溶解的极盖处引到位于赤道附近的居住点。这个推测的关键在于这些运河整齐笔直，其中有些运河延伸数千千米。这种几何图形不可能是因地质活动而产生的，因为这些线条太直了，只有智慧生物才能建造出来。

后来经多个火星探测器观测发现，这些所谓的运河，其实是火星上的沟渠，里面一滴水都没有。但它们也有可能是火星古代的河道。

▼　火星"运河"图

火星甲烷与生命有什么联系？

地面观测和火星快车都探测到火星大气层内的甲烷，全球平均值为 10ppb（1ppb=1×10^{-9}），这说明火星上有区域性的气体源或耗散地。如果没有源的话，甲烷很快就会在大气层中通过各种途径被毁坏了。

地球大气层内 1700 ppb 的甲烷主要是生物活动产生的，如果火星大气层的甲烷来自地下生物活动，那么微生物的数量应该远小于地球上的数量，因为其甲烷的浓度较低。但生物活动并非大气层甲烷的唯一来源。流星体和彗星撞击引起的化学变化也能产生甲烷，但量太少，达不到 10ppb 的全球平均浓度。另外，火山放气可能是另一个来源，但是火星上没有发现活动的火山。而一氧化碳的光分解、富含碳的物质发生反应，也会形成甲烷。因此，准确地测量火星甲烷的含量及其变化特性，可以进一步证明火星上是否有生命存在。

火星上的黏土矿物与生命有联系吗？

黏土矿物是含水的铝、铁和镁的层状结构硅酸盐矿物。黏土矿的形成条件是温暖含水的中性环境，形成过程是漫长的，一般需几万年至几百万年。黏土矿可以在表面形成，但更典型的是在表面以下几百米处形成。一些学者认为，人类在火星上发现黏土矿的区域为古代的湖泊。

黏土矿物与生命起源有什么关系呢？最近几年，国外有些学者提出了生

黏土矿

500 米

▲ 火星勘察轨道器探测到的黏土矿分布

命起源于黏土的理论。他们认为，核糖核酸起源于黏土晶格。在实验中，由硅、氧、铝等元素形成的黏土晶格，能吸引周围游离的晶体，使其按一定规则排列分层，还能吸收和贮存环境中的能量。这种黏土结构像一种模板，不断复制出相同结构的黏土层。也许正是从这种黏土中，进化产生了原始的脱氧核糖核酸。而按照生命的定义：有高度组织，结构稳定，有适应环境能力，能自我复制。黏土晶格模板也具有这些特征，黏土是不是具有生命呢？没有人能够回答。从无生命进化到有生命的漫长过程中，还有一大段未知领域有待探索。

　　不管生命起源的黏土理论是否正确，有一点是明确的，那就是黏土矿形成于有液体水的环境。因此，火星上有黏土矿的地方，古代应该有液体水存在。仅从这个角度，也可以为寻找生命提供线索。

在火星陨石中发现生命了吗？

　　火星陨石是掉落在地球上，但来源于火星的陨石，它们可能是某一个天体撞击到火星，然后从火星进入太空的物质。在地球上已经发现数万颗陨石，但截至 2011 年 7 月 30 日，只有 99 颗被确认是来自火星，而且多数是 2000 年以后才发现的。

　　艾伦丘陵陨石 84001（Allan Hills 84001，常被缩写为 ALH 84001），是由美国的南极陨石搜寻计划小组于 1984 年 12 月 27 日在南极洲艾伦丘陵发现的

▲ ALH 84001 陨石

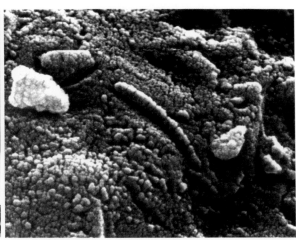

▲ 电子显微镜揭示了 ALH 84001 内部的结构影像

一颗陨石。被发现时，它的质量为 1.93 千克。因为这颗陨石在电子显微镜下的结构影像类似于细菌残骸的化石，因此科学家认为，火星上可能曾经有过生命。1996 年，这颗陨石曾登上全球新闻的头条而受到大量的关注。

但是，大多数专家认为该化石上的"细菌残骸"不足以表明其是火星的生物，有可能是受到了地球生物的污染。

火星表面存在生命的可能性有多大？

火星表面存在生命的可能性几乎为零，因为火星表面温度变化大、受到的辐射强度大，因此难以维持生命存在。

在火星表面以下是否容易维持生命？

是的，因为在一定深度下，辐射的强度大大降低，有利于生命存在。美国一个研究小组研究认为，在火星表面以下 5 ～ 10 厘米的深度，生命存在的可能性明显增大。

火星的洞穴中可能有生命吗？

目前已经在火星表面发现了一些洞穴，如右图所示。这个洞穴是火星勘察轨道器发现的，直径约 35 米，深约 20 米。

用"天窗"来形容这些结构更合适。所谓"天窗"，是指洞穴或熔岩管的顶部较小区域塌陷，使其下的部分暴露出来。火星洞穴可能保有火星原始生命存在的证据。火星上存在许多危险，包括辐射、极端温度和沙尘暴，对于未来人类探索火星无疑是巨大的考验，而火星洞穴则可以起到保护作用。

▲ 火星洞穴

海盗号着陆器在火星上发现过生命吗?

美国的海盗号着陆器于 1976 年 7 月 20 日在火星表面着陆,共运作了 2245 个火星日,直到 1982 年 11 月 13 日结束。在此期间,轨道器上的仪器分析了土壤,进行了生命科学实验,以寻找生命存在的证据。生命科学实验设备总重 15.5 千克,由 3 个子系统组成。此外还有 1 个独立的实验设备,包括气体色谱和质谱仪,能测量火星土壤中有机物的成分和丰度。结果是令人惊讶和有趣的,4 个仪器中只有 1 个探测到生命迹象。当时人们对这个结果有不同意见。

▲ 海盗号着陆器

好奇号发现了火星过去有生命的证据吗?

美国的好奇火星车于 2012 年 8 月 6 日在火星表面着落。好奇号火星车对一个岩石样品的分析结果表明,古代的火星可能有微生物存在过。科学家从这个岩石样品中辨别出硫、氮、氢、氧和碳等元素,这些元素对维持生命而言都是很关键的化学物质。此外,黏土矿物在样品中至少占 20%。好奇号火星车还在火星表面发现了多种有机物。

下页图中比较了两种不同的火星环境,左边的岩石取自子午线高原的陨石坑,右边的岩石取自好奇号的着陆点盖尔陨石坑。左边的岩石形成于富酸的地方,此地区的水由于含酸量太高,不适合于生命存在。而右边的岩石像是在水下沉积而成,处于适居环境,有利于微生物存在。

▲ 两种不同的火星环境

哪些证据可说明火星过去曾是温暖潮湿的气候？

人类已经向火星发射了几十个轨道器和着陆器，获得了大量数据。根据这些数据，可以充分证明火星历史上曾经是温暖、潮湿的气候，适合于生命存在。主要证据可分为两方面。

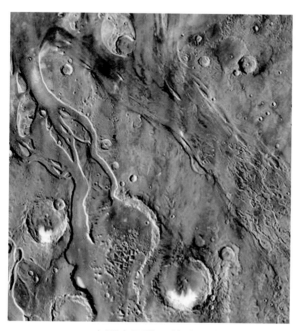

▲ 火星表面发现的古河道

● 存在种类多、数量大、分布广的含水矿物。如黏土矿物、碳酸盐矿物和硅酸盐等。含水矿物是在有水的环境中形成的。

● 存在大量的古河道。有些河道很宽，在源区有几十千米宽，下游扩展到几百千米，估计流量是地球最大河流密西西比河的 1 万倍。

金星大气层中的紫外斑与生命有什么关系？

一般认为，金星地表温度太高，大气压力也太大，大气中含有大量极具腐蚀性的酸蒸汽，不适合生命的存在。但美国得克萨斯州大学的一个研究小组动摇了这一结论。他们的研究表明，金星上可能有生命。他们发现金星大气里有神秘的斑块在旋转，经过分析，认为这些斑块可能是细菌群体。这些微生物可能在金星大气层 50 千米处的云中生存着，因为这儿的环境相对柔和，温度是 70℃，有水滴存在，其大气类似于地球。他们在分析以往探测器的资料后，发现金星上出现了化学上的怪事，只能用有活的微生物存在来解释：他们发现了硫化氢和二氧化硫，这两种气体一般不会被一起发现，除非有某种东西在产生它们。他们也发现了硫化碳酰，这是一种很难通过无机化学方式产生的气体，一般认为它的出现与活的有机体有关。因此他们分析金星上可能有一种我们还不知道的产生硫化氢和硫化碳酰的方法，但产生这二者都需要催化剂，而在地球上最有效的催化剂就是微生物。他们认为这些微生物可能利用太阳的紫外光作为能源，这就可以解释为什么在金星的紫外图像上存在着这些奇怪的暗斑了。

太阳系中哪些卫星上有大气层？

在太阳系已知的卫星当中，至少有 6 颗具有大气层。这 6 颗卫星分别是木卫一（Io）、木卫三（Ganymede）、木卫四（Callisto）、土卫二（Enceladus）、土卫六（Titan）和海卫一（Triton）。

木卫一有不均匀的、低密度的大气层和电离层，大气层的主要成分是二氧化硫，二氧化硫可能主要是来自火山喷发，少量来自表面沉积物的蒸发。

木卫三有稀薄的、含有分子氧的大气层，这些气体明显是由表面冰升华和溅射产生的。

木卫四有一层非常稀薄的大气，主要由二氧化碳构成。其表面压强大约为 7.5×10^{-12} 巴。因为这层大气相当稀薄，其物质只需要 4 天就会逃逸殆尽，所以一定有气体来源不断维持其含量，其来源可能是冰质地壳中升华出来的干冰。

土卫二的大气层非常稀薄，肉眼是看不见的。土卫二的直径只有 500 千米，对于这样小的天体，其引力不足以长久地维持一个大气层。因此，土卫二一定有一个强的连续源来维持这个大气层，这个源很可能是来自土卫二南极附近的水蒸气喷发。

土卫六有非常丰富的大气层，其表面大气压是地球表面的 1.5 倍。

海卫一有十分稀薄的大气层。它主要由氮气和少量甲烷组成，稀薄的大气向上延伸 5 ～ 10 千米。

地球的卫星——月球也存在一个非常稀薄的大气层。但事实上，月球经常被认为是没有大气层的，因为无法测量出它吸收辐射的参量，它也没有出现分层与自身的循环，还需要不断地补充其在太空中的高流失率。

什么叫潮汐加热？

卫星在运行过程中要受到母行星施加的潮汐力作用，其大小与卫星到行星的距离的三次方呈反比。这个潮汐力会使卫星发生形变，在面向行星的那一面形成潮汐隆起，潮汐隆起又导致潮汐加热。潮汐加热的原理类似于拧铁丝使铁丝变热的过程。木卫一是太阳系内火山活动最活跃的天体，这是木星潮汐力作用的结果。木卫一轨道的离心率造成其每一周的公转都有明显的潮汐隆起，来自这种潮汐扭曲的摩擦力加热了它的内部。理论上，一个相似但是微弱的过程也会发生在木卫二上，造成其在岩石地壳下较低层冰层的溶解。

◀ 木卫一，由于木星潮汐力的影响，导致其火山活动非常频繁。

潮汐加热能否作为维持生命存在的能源？

潮汐加热对维持生命存在至少有两方面的作用：一是提供热能，这对于远离恒星的天体来说是很重要的；二是对于有地下海洋的天体来说，潮汐加热可以增加海洋中氧气的浓度，有利于高级生命的存在。

皮威尔陨石坑的不同颜色表示什么成分？

皮威尔（Pwyll）陨石坑是木卫二（欧罗巴）上的一个陨石坑，被认为是欧罗巴上最年轻的地理特征之一。陨石坑中央区域可见到暗色区域，直径约 26 千米。撞击喷发物组成的亮白色放射状地形自撞击点向外喷出数百千米。这些白色的喷发物明显将木卫二表面其他物体覆盖，表明皮威尔撞击坑比其他周围的地理特征年轻。亮白色物质一般认为是由水冰组成的，暗红色区域为尘埃。

▲　木卫二上的皮威尔陨石坑

木卫二存在地下海洋的说法有什么证据？

伽利略号探测器曾经对木卫二进行了详细的探测。根据伽利略号探测器的探测结果，可以推测木卫二存在地下海洋。证据有两方面：一是根据对木卫二磁场的测量结果。1995—2003 年，环绕木星进行科学考察的伽利略号探测器所采集到的磁场数据表明，在木星磁场的影响下，木卫二能够产生一个感应磁场，这一发现暗示，其表层以下很可能存在与咸水海洋相似的传导层。二是根据对木卫二表面的图像分析。二是木卫二表面有为数不多的几个大型

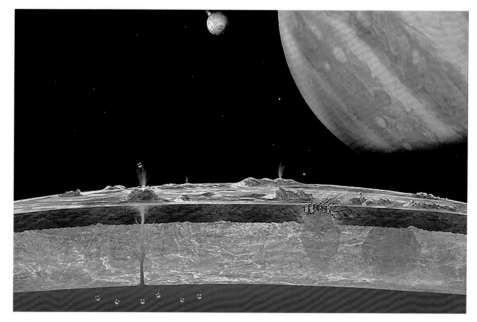

▲ 木卫二海洋的艺术构想图

▲ 木卫二海洋生物设想图

的陨石坑，最大的一个陨石坑被若干同心圆环所环绕，坑内被新鲜的冰填充得相当平整。以此为基础再结合对潮汐力所生成热能的估算，科学家可推测出冰壳厚度在 10 千米到 30 千米之间，这就意味着冰下的海洋可能深达 100 千米。左图为大家展现了木卫二海洋的艺术构想图。

木卫二地下海洋可能有生命吗？

据猜想，木卫二地下的海洋中可能有生命存在，其生存环境可能与地球上的深海热液口或南极的沃斯托克湖（地球上最大的冰下湖，整个湖体位于冰层表面下方 4 千米，因湖上方沉重冰冠造成的压力，湖水中氧气含量非常高）相似，其生命的形态可能与地球上的某些嗜极生物相似。

木卫二地下海洋中可能有鱼类吗？

不少学者认为，木卫二地下海洋中存在微生物的可能性比较大，但不会有海洋动物。美国亚利桑那大学的教授提出了木卫二海洋的新模式。该模式认为，木卫二在木星潮汐力的作用下会增加内部海洋中氧气的含量，因此能维持鱼类生存。

未来人类能直接探测木卫二的地下海洋吗？

美国曾经计划直接探测木卫二的地下海洋。探测器在木卫二表面着陆后，分离出钻探器，在表面钻出一个穿透冰层的深洞，然后派出潜水机器人，进入海中进行探测。尽管这个计划取消了，但未来人类肯定会发射类似的装置，对木卫二的地下海洋进行直接探测。

▲ 探测木卫二地下海洋的装置

木卫四具有维持生命的条件吗？

根据现有的观测结果，在木卫四的壳下面可能有一个深 50 ～ 200 千米的含盐海洋，还有放射性元素加热，在这个海洋中可能含有微生物。但人们的最大愿望是在木卫四上建立人类探索外行星的基地，因为木卫四地质稳定，有磁场，能屏蔽带电粒子辐射。

土卫六有什么特点？

土卫六（泰坦）直径 5150 千米，是太阳系中仅次于木卫三的第二大卫星。虽然土卫六被定性为卫星，但它大于水星和冥王星。其大气层主要是由氮气构成的，并含有少量的甲烷。表面压强大约是地球的 1.5 倍。

土卫六表面有液体湖吗？

卡西尼号探测器所携带的雷达对土卫六进行了几十次探测，获得了大量图像。对这些图像数据分析表明，土卫六表面确实存在液体湖。不过，湖水不是液体水，而是液体甲烷和乙烷。

土卫六可能下雨吗？

根据卡西尼号探测器的探测结果，木卫六的大气层有降雨过程。

▶ 土卫六表面的液体湖

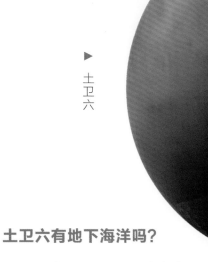

土
卫
六

▶

土卫六有地下海洋吗?

2012 年 6 月 28 日, 来自卡西尼号探测器的探测数据表明, 土卫六内部存在液体海洋, 这个结果已经发表在《科学》杂志上。

卡西尼号探测器提供的证据是什么呢? 证据是潮汐。土星引力巨大, 这个引力会使土卫六发生形变。如果土卫六完全由坚固的岩石组成, 土星的拉力将使土卫六发生 1 米高的隆起, 即固体潮; 然而卡西尼号探测器的探测数据表明, 土星对土卫六的固体潮高度大约 10 米, 这说明土卫六不完全是由固体物质构成的, 其内部一定有一个液体海洋。

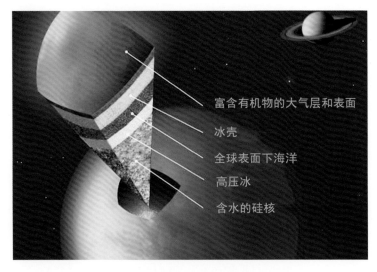

富含有机物的大气层和表面

冰壳

全球表面下海洋

高压冰

含水的硅核

▲ 土卫六的内部结构, 蓝色区域表示内部海洋。

土卫六具有哪些适合生命存在的条件？

土卫六表面比地球寒冷，表面没有液体水。但下面几点说明土卫六具有维持生命存在的条件。

● 土卫六有液体湖，虽然湖水不是液体水，但可支持非水基的生命存在。

● 土卫六表面下含有液体水层，生命可能会存在于由水与氨构成的地下海洋中。

● 土卫六是太阳系中唯一有丰富大气层的卫星。土卫六的大气层非常厚，存在化学活动，富含有机化合物，有利于产生生命的组成成分。

● 大气层含有氢气，通过在大气层与表面环境之间的循环，可能与其他有机物组合以获得能量。

土卫六含有生命的两个推测是什么？

根据卡西尼号探测器和惠更斯号探测器的探测结果分析，土卫六上存在生命的可能性极大。有两个推测：

● 由于土卫六的构造及大气成分与早期地球有相似之处，因此，土卫六上可能存在的生命应该与地球早期的生命形态相似。

● 土卫六上存在的生命形式与地球不同。地球的生命以水为基础组成，而土卫六的生命以液态甲烷为基础，呼吸氢气，消耗乙炔。

科学家利用卡西尼号探测器的数据研究了土卫六表面的化学复杂性。根据他们的成果，土卫六表面可能有原始形式的生命。这个研究成果分别刊登在行星科学刊物《伊卡洛斯》和《地球物理学研究杂志》上。

土卫六的大气层能够生成有机分子吗？

2010 年 10 月，美国亚利桑那大学的一个研究小组曾进行一项实验，在没有水的情况下模拟土卫六大气可能发生的化学过程。结果生成的分子有 5 种核碱基和氨基酸，这表明在土卫六大气层的外部可能生成很复杂的有机分子。

土卫六的大气层能生成生命的基本单元吗?

美国喷气与推进实验室的科技人员对土卫六大气层进行了模拟试验,结果表明,土卫六大气层复杂的有机化学成分能逐渐形成生命的基本单元。

土卫六表面下具有生命存在的条件吗?

一个描述土卫六环境的模式表明,在土卫六表面以下 200 千米处有氨水溶液,这种环境能维持生命存在。在土卫六内部和上层之间的热输送是维持地下海洋生命的关键因素。

土卫二是一颗什么样的天体?

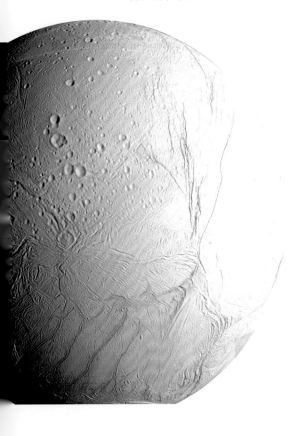

土卫二的英语名称为 Enceladus,赤道直径为 504.2 千米,公转周期和自转周期都是 1.370218 天。平均密度为 1.24 克每立方厘米。土卫二最大的特点是反照率几乎高达 100%,是太阳系中反照率最高的天体。土卫二太小,不能完全被内部衰退的放射性物质加热(热量可能在很久以前就已衰退完),很可能主要是由潮汐机制加热的。土卫二的轨道因受土星引力场和周围卫星的影响而产生扰动。

◀ 由卡西尼号探测器拍摄的土卫二

土卫二的虎纹区是由什么物质构成的？

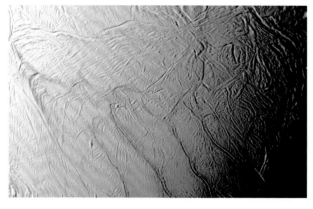

▲ 土卫二的虎纹区

左图中的蓝、绿色条纹状区域称为虎纹区，显示出长的（约 130 千米）、陨石坑状的特征，坑间的距离约 40 千米，大体上是相互平行的。在虎纹区，最主要的物质是晶体冰。

土卫二的喷发现象位于什么区域？

卡西尼号探测器多次观测到土卫二的南极有喷发现象，而且证实喷射物的主要成分是水，占喷射物总质量的 90% 以上。

▲ 土卫二南极的喷发现象

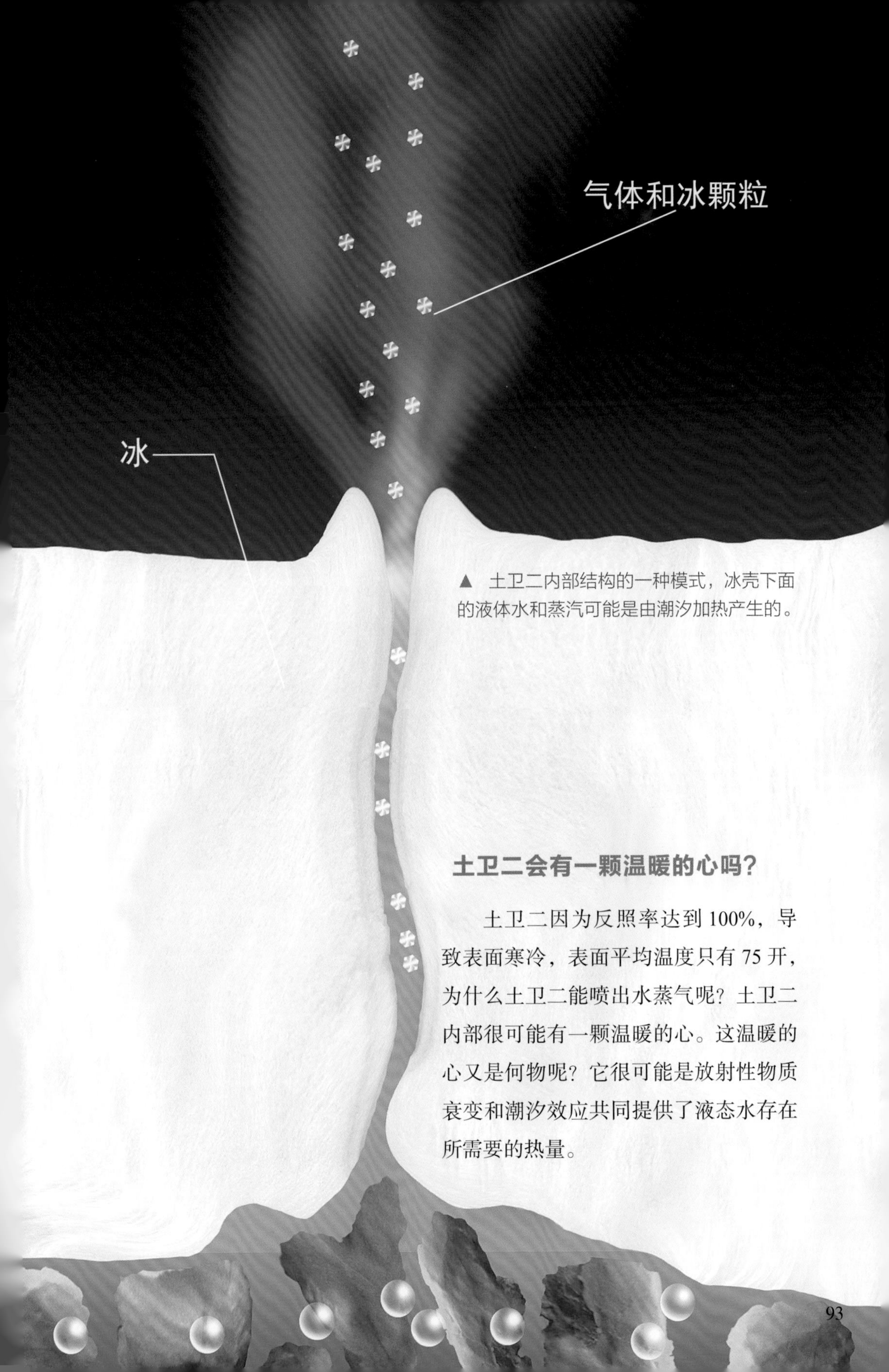

气体和冰颗粒

冰

▲ 土卫二内部结构的一种模式，冰壳下面的液体水和蒸汽可能是由潮汐加热产生的。

土卫二会有一颗温暖的心吗？

土卫二因为反照率达到 100%，导致表面寒冷，表面平均温度只有 75 开，为什么土卫二能喷出水蒸气呢？土卫二内部很可能有一颗温暖的心。这温暖的心又是何物呢？它很可能是放射性物质衰变和潮汐效应共同提供了液态水存在所需要的热量。

土卫二的喷发物中含有机物吗？

2008 年 3 月 12 日，卡西尼号探测器飞越土卫二时获得了进一步的观测机会。观测数据显示羽状物中含有更多的化学物质，包括简单的和复杂的碳氢化合物，如丙烷、乙烷和乙炔。这项发现提高了土卫二表面存在生命的可能性。卡西尼号探测器上的离子和中性粒子分光计对羽状物的物质构成进行测量后，发现其与大部分彗星的物质构成相近。

土卫二可能有液体海洋吗？

卡西尼号探测器提供的资料显示，在土卫二的冰冻表面之下可能存在一个全球性的海洋。卡西尼号探测器对其捕获的冰晶颗粒进行分析后发现，这些冰晶颗粒是由盐水凝集而成的——这种状况一般只发生于大面积的水体之中，因此土卫二上也可能存在液体海洋。另一种观点则认为土卫二上存在的并非大面积的海洋，而是分布广泛的溶洞，这些溶洞之中充满了液态水。

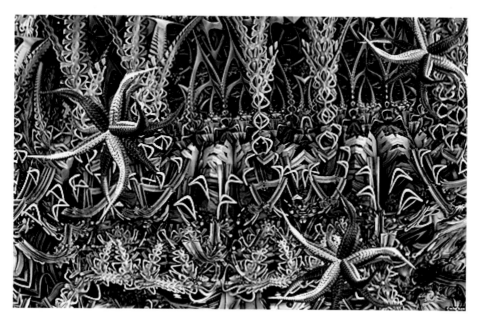

▲ 土卫二海洋的艺术图

太阳系有多少小行星?

小行星是指沿椭圆轨道绕太阳公转的固态小天体,无空气,没有可探测到的气体或尘埃外流。根据小行星在太阳系的位置,可将它们分为主带小行星、近地小行星、脱罗央小行星。

主带小行星位于火星与木星之间,距太阳约 2 ~ 4AU,是数量最多的一类小行星,根据巡天观测结果推算,这类小行星的数量为 100 万颗左右。

近地小行星是轨道靠近地球的小行星。

在木星轨道的两个特定平衡位置上分别有一个脱罗央小行星群,它们的公转周期与木星的公转周期相同。

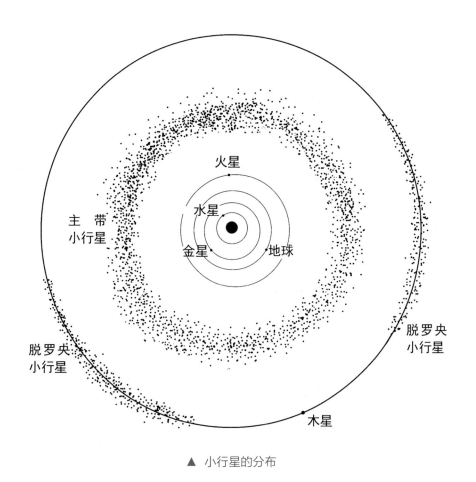

▲ 小行星的分布

在小行星上发现过有机物吗？

是的，科学家在一些小行星上发现过水冰和有机化合物。因此有的科学家认为生命的基本单元来自于小行星。

司理星（24 Themis）是主带小行星中较大的一颗，直径为 198 千米，质量为 5.75×10^{19} 千克，公转周期为 2022.524 天。2009 年 10 月 7 日，NASA 的红外线望远镜的观测结果证实这颗小行星的表面有水冰存在，它的表面完全被冰覆盖。当这些冰升华之后，表面下的冰可能就会补充上来。另外，在表面上还检测到有机化合物，包括多环芳烃和 CH_2。

▲ 司理星

在陨石中发现过有生命存在的证据吗？

2011 年 3 月，NASA 的科学家宣布他们在陨石中发现了地外生命的证据。这位科学家长期收集和研究陨石，他在一块稀有的陨石中发现了古细菌化石的证据。由此得出结论，地外生命可能有许多形式，远远超出我们以前的想象。该项研究成果已经发表在 2011 年 3 月的《宇宙学》杂志上。

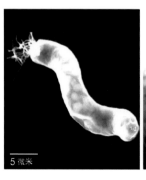

5 微米

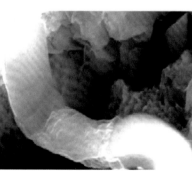

◀ 由电子扫描显微镜拍摄的一块陨石的照片（右图），左图是具有相同大小和结构的细菌照片。

在陨石中发现过 DNA 吗?

据美国太空网 2011 年 8 月 8 日报道,一些科学家宣布,已经在来自外太空的陨石中发现了 DNA 的组成成分。另一支研究小组的科学家还发现了一些在古生物进化过程中扮演重要作用的分子的特征。这些成分被科学家确认为来自陨石,这一切都说明了地球上的生命形式很有可能是来自宇宙的某个地方。

在过去的研究中,已经发现了在部分陨石中存在生命的组成成分,如构成蛋白质的氨基酸。从目前的发现看,来自宇宙的陨石,很可能是早期地球上有机化合物的重要来源。之前在来自地球之外的陨石中,科学家还发现陨石中存在着碱基,这是 DNA 的主要成分。但是,现在已经很难证明那块发现碱基的陨石有没有受到地球上生命源的干扰。

▲ 在陨石中发现的 DNA

什么叫流星体?

流星体是太阳系内小至沙尘,大至巨砾的固体颗粒。流星体进入地球(或其他行星)的大气层之后,在路径上发光并被看见的阶段称为流星。许多流星来自相同的方向,并在一段时间内相继出现,则称为流星雨。陨石是穿过地球大气层并与地面撞击之后未被燃尽的小行星或流星体的残余部分。

流星体主要有哪些成分?

对流星体成分的分析,主要根据对陨石成分的测量。陨石的主要成分是矿物,如橄榄石、斜方辉石、斜长石、陨硫铁等。另外,在 20 世纪 70 年代以后,用有机质谱法分析陨石后发现,陨石中含有机物,主要是氨基酸、吡啉、烷烃、芳香烃等。

什么是彗星?

彗星是形状不规则的天体,由冰冻着的各种杂质、尘埃组成。一般彗星由彗头和彗尾组成。彗头包括彗核和彗发两部分,有的还有彗云。彗核相对稳定,呈固态,小而亮,直径从几百米到十几千米,主要由冰和气体及一小部分灰尘和其他固体组成,彗星的物质 95% 以上集于彗核。彗核周围的气体和尘埃构成的球状区域称为彗发,其直径一般可达几万到几十万千米,随彗星到太阳的距离变化而变化。在彗星远离太阳时,由于温度很低,彗头中的挥发性物质便渐渐在彗核上凝固,由于组成彗星的物质一半以上是冰,所以它们也常被称作"脏雪团"或"脏雪球"。而在彗星靠近太阳时,彗核的表面物质由于升温而开始蒸发、气化、膨胀、喷发,便产生了彗尾。彗尾的体积极大,可长达上亿千米,由逃逸气体以及从彗核中被驱赶出的灰尘微粒组成,这是肉眼所见

▶ 形态各异的彗星

◀ 形态各异的彗星

的彗星最显著的部分。彗尾形状各异，有的还不止一条，一般向背离太阳的方向延伸，且越靠近太阳，彗尾就越长。彗星体形庞大，但质量却小得可怜，即使是大彗星，质量也不到地球的万分之一。

彗星有哪些类型？

彗星轨道与行星的很不相同，根据彗星轨道情况的不同，彗星分为周期彗星和非周期彗星两种类型。轨道为椭圆形的彗星能定期回到太阳身边，称为周期彗星；轨道为抛物线形或双曲线形的彗星，终生只能接近太阳一次，一旦离去，就会永不复返，称为非周期彗星。非周期彗星或许原本就不是太阳系成员，它们只是来自太阳系之外的过客，无意中闯进了太阳系，而后又义无反顾地回到茫茫的宇宙深处。

周期彗星又分为短周期彗星（绕太阳公转周期短于 200 年）和长周期彗

星（绕太阳公转周期超过 200 年）。周期在 30 年到 200 年之间的彗星被称为类哈雷彗星；周期小于 30 年的称为木星簇彗星，因为大多数这类彗星的远日点接近木星，当它们靠近木星时被捕获为短周期彗星，其轨道主要位于小行星主带内，故又称主带彗星。

彗核内有哪些物质？

彗核的组成包括岩石、尘埃、冰和冻结的气体，如一氧化碳、二氧化碳、甲烷和氨。由于它们的质量都很低，彗核不会成为球形，因此有着不规则的形状。彗核还包含多种有机化合物。

在哪颗彗星上发现了有机分子？

科学家在百武二号彗星上探测到许多有机分子，如甲醇、氢氰化物、甲醛、乙醇和乙烷。

在彗星中观测到哪些原始分子？

在彗星中观测到的原始分子是相当多的，主要有水、一氧化碳、二氧化碳、甲烷、乙烷、乙炔、甲醛、甲醇、氨、氰化氢、氮气、硫化氢和二氧化硫等。

在哪颗彗星上发现了氨基酸？

星尘号（Stardust）是美国发射的一个行星际探测器，主要任务是探测维尔特二号彗星。星尘号于 1999 年 2 月 7 日由 NASA 发射升空，其返回舱于 2006 年 1 月 15 日返回地球。NASA 经过对星尘号任务带回的彗星尘埃的分析，发现其中含有氨基酸。NASA 在一份报告中指出，地球上的 DNA 和 RNA 成分很有可能是在外太空的彗星和小行星上形成的。

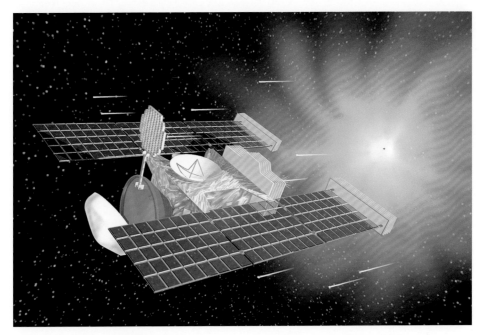

▲　星尘号探测器获取维尔特二号彗星彗核附近物质的示意图

研究彗星有哪些意义?

● 彗星是太阳系最古老、最原始的物体,它们保存了原始星云物质最早的记录。

● 彗星将挥发性轻元素带到行星,对行星海洋和大气层形成起重要作用。

● 彗星富含有机物,有可能为地球上生命的起源提供了必不可少的有机分子。

● 一些彗星以极高速度撞击地球和其他行星,引起行星气候的急剧变化,极大地影响了地球的生态平衡。

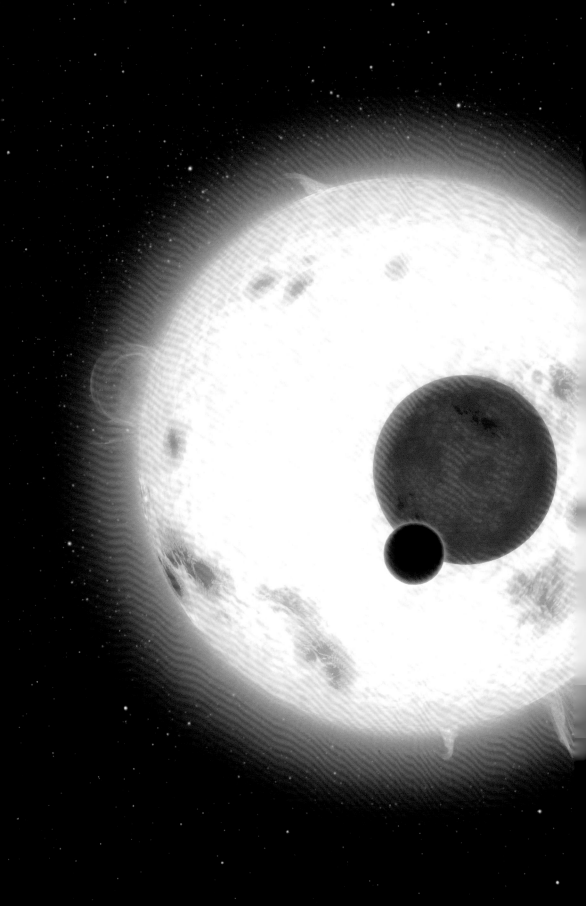

第6章

"喂，有人在吗？"

——寻找系外行星

随着探测技术的提高，人类寻找地外生命的视线已经转向太阳系外，去宇宙深处寻找可能诞生生命的沧海遗珠。

天文学家通过各种方法，正在不断地为我们揭开系外行星的神秘面纱，每一次新的发现都令人怦然心动，那里和地球类似吗？有适合生命存在的环境吗？当我们翘首以盼叩开那个陌生世界大门的时候，我们不禁要问："喂，有人在吗？"

寻找系外行星的方法

为什么要寻找系外行星？

这要从必要性和可能性两方面考虑。从必要性的角度看，太阳系只是宇宙中很小的一个区域，如果寻找地外生命只限于这样一个小范围，那么得到的结论就是片面的。目前寻找地外生命只能在行星系统中寻找，包括行星、小行星和彗星。作为第一步，首先在行星上寻找，因此我们要寻找系外行星，并进一步分析哪些行星上可能有生命存在。

从可能性的角度看，目前人类已经掌握了从地面和太空寻找系外行星的方法和技术，使寻找系外行星成为一种经常性的工作。

到目前为止发现了多少颗系外行星？

截止到 2015 年 8 月 17 日，已经被证实的系外行星有 1948 颗。

什么是凌星法？

行星通过母恒星时阻挡了一部分恒星的光，这种效应称为行星凌星。这时恒星的亮度会急剧减小，通过探测恒星亮度的减小量，便可以知道它的附近存在行星。上页图中给出了行星凌

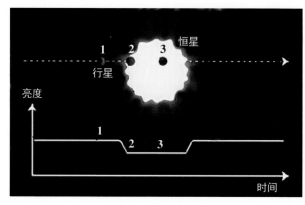

▲ 行星凌星时产生的光变曲线

星时产生的光变曲线。由于行星凌星发生的机会是稀少的，持续时间短，不频繁（对日地系统每年一次），因此测量起来比较困难。

凌星法是探测系外行星的重要方法。利用这种方法不仅可以确定待测恒星周围是否有行星，还可以确定行星的大小。因为行星越大，遮挡的光越多，观察者测量到的恒星亮度的减小量就越大。

什么叫微引力透镜效应？

行星在恒星附近通过时，产生第二种效应是微引力透镜效应，它可使恒星的亮度在几小时内增加100%。利用这种方法，近年来发现了许多系外行星。

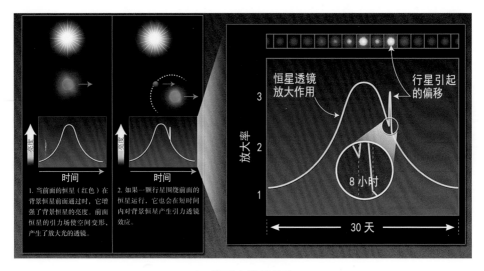

▲ 微引力透镜效应

什么叫天体测量法？

行星围绕恒星运转，表面上看，好像是恒星保持静止不动，实际上，根据牛顿引力定律，行星和恒星组成的系统会有一个共同的质心，两者都围绕这个质心在旋转。因为恒星的质量远大于行星，所以质心的位置距离恒星的中心不远，一般在恒星的半径以内，从远处看，恒星是在一个半径较小的轨道上运转。所以通过测量恒星的"抖动"轨迹，可以判断出在恒星周围是否存在行星。

然而观测恒星的"抖动"绝对不是一件容易的事，需要很长的观测时间，可能几年甚至数十年。

什么是直接成像法？

一般来说，行星的光辉极其微弱，往往被母恒星的光辉所掩盖。但在特殊情况下。例如，行星很大（通常要远大于木星），离母恒星足够远，还要足够热，能够辐射出大量的红外线，这时高级望远镜便可以对行星直接成像。这种方法是用日冕仪阻挡母恒星产生的强光，然后用高级望远镜对行星成像。

什么是脉冲星定时方法？

这种方法适于探测围绕脉冲星运行的行星。脉冲星旋转时会以均匀的间隔发射无线电波，如果这些无线电脉冲的定时性出现异常，就说明在其周围有行星。

学界一般认为脉冲星附近不会存在行星，但利用这种方法，人们发现，脉冲星附近也有可能存在行星。但脉冲星行星因为附近强烈的磁场，上面能够存在生命的概率很小。

各种各样的系外行星

什么是超级地球？

超级地球是对一类系外行星的通俗称呼。这类行星是岩石类行星，质量比地球大，上限大约是地球的 10 倍，下限大约是地球的 2 倍。由于超级地球可能适宜人类或其他生命生存，所以一直是天文学界的研究热点。科学家们普遍怀疑这类行星上可能存在水和生命，因此具有重大研究价值。

什么叫海洋行星？

海洋行星是一类假定存在的系外行星，其表面完全被液态水构成的海洋所覆盖。该类行星上的海洋可能深达数百千米，远深于地球上的海洋。系外行星 GJ 1214 b 很可能是一颗海洋行星。随着开普勒任务的进行，很多类似行星将会不断被发现，如最近发现开普勒 22 b、格利泽 581d 都可能是海洋行星，其中后者位于格利泽 581 的适居带内，该行星上的温室效应使得其行星温度适于液态水的存在。

什么叫星际行星？

星际行星，也称流浪行星，是指不绕任何恒星公转的行星。它们或是受到其他行星等天体的引力影响而被抛出原本公转的行星系统，或是从没有被任何恒星引力束缚，以致流浪于星系之中。2011 年科学家利用微引力透镜法首度证实星际行星的存在，并推测银河系内木星大小的星际行星数量多于恒星的两倍。虽然它们在星际中流浪，但不代表它们没有生命，只是其上存在的生命也只是如细菌般的微生物。

什么叫迷你海王星？

迷你海王星是指实际质量低于太阳系的天王星和海王星，但却和海王星相当类似的系外行星。这样的行星大气层上层是由氢和氦组成的厚层，下层是极深的水和氨等分子相对较大的挥发物。如果没有厚大气层的话，这类行星则是海洋行星。

目前发现最小的系外行星有多大？

开普勒 37b（Kepler-37b）是一颗位于天琴座的系外行星，其母恒星是开普勒 37。该行星是至今发现的最小的系外行星，质量只稍大于月球，直径为 3865 千米。下图显示了开普勒 37 行星系统与太阳系部分行星的大小比较。

▼ 开普勒 37b、37c、37d 与太阳系其他天体的比较

月球　　　　　　开普勒 37b　　　　　　水星　　　　　　火星　　　　　　开普勒

离地球最近的系外行星是哪颗？

半人马座 α Bb（Alpha Centauri Bb），是环绕主序星南门二 B 的一颗系外行星，距离地球约 4.37 光年，位于半人马座。它是至今发现距离地球最近的系外行星，也是环绕类太阳恒星的行星中质量最小的。

目前所知最大的系外行星有多大？

HAT-P 32b 是一个环绕可能是黄矮星或黄－白矮星 HAT-P-32 的系外行星，距离地球约 1044 光年。该行星半径大约是木星的 2 倍，是已知质量及体积最大的系外行星。

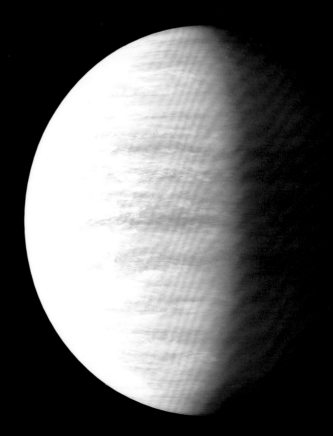

地球   开普勒 37d

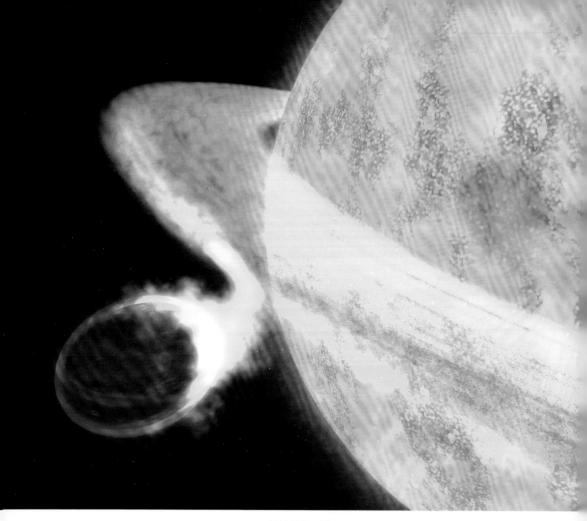

▲ WASP-12b

最热的系外行星表面温度是多少？

根据目前观测的结果，最热的系外行星是 WASP-12b，其表面的温度超过了 2200℃。

至今最古老的系外行星年龄是多少？

目前发现的最古老的系外行星是 PSR B1620-26b，大约 130 亿年。

至今最年轻的系外行星年龄是多少？

目前发现的最年轻的系外行星是 BD+20 1790b，只有 3500 万年。

密度最大的系外行星是哪颗？

密度最大的系外行星是巨蟹座 55e（55 Cancri e），它的大小跟海王星差不多，离母恒星很近，公转周期不到两天，直径达 2.1 万千米，质量和密度分别是地球的 8 倍和 2 倍，是迄今为止发现的密度最大的固态行星。

钻石样的系外行星有什么特征？

PSR J1719–1438 b 是一颗在 2011 年 8 月 25 日发现的系外行星。它围绕脉冲星 PSR J1719–1438 公转，到母星的平均距离为 0.89 个太阳半径，公转周期为 2.17 小时。这颗脉冲星行星很可能由结晶碳（钻石）构成。钻石行星的存在已经在理论上得到证实。

PSR J1719–1438 b 是目前发现的密度最大的行星，它的质量和木星差不多，但密度约是木星的 20 倍，因此它的组成物质必须非常紧密。因为它被假设为是一颗白矮星的残余内核物质，所以被认为是由氧和碳组成。其表面很有可能存在氧气，而碳的含量随着行星核心的接近而越来越高。行星的巨大压力表明这些碳都被结晶化，形成类似钻石的结构。按照发现者的说法，如果能拿一大块回来，那么它将是一颗非常有用的钻石。

最暗的系外行星是由什么构成的？

2011 年 8 月，天文学家发现了一颗最暗的系外行星，名字叫 TrES-2b，它的光反射率小于 1%。

最冷的系外行星表面温度是多少？

系外行星 OGLE–2005–BLG–390L b 是目前所知最冷的行星，平均温度为 50 开，即 −223℃。

哪颗行星与母恒星的距离接近 1AU？

HD 40307 g 位于恒星 HD 40307 的适居带之内，距离地球 42 光年。HD 40307 g 与母恒星的距离接近 1AU。该行星可能存在液态水，可能是一颗较适宜生命存在的星体。

适居区

什么叫适居区？

人们已经达成一种共识，寻找地外生命，首先要找到一个处在特殊位置的行星，那里不能太热，也不能太冷，还必须是岩态行星，

如果行星离母恒星太近，液态水就不会长期存在，肯定不适合生命存在；离得太远，温度又会太低，气体都成了雪花，也不行；只有距离刚刚好，才能保证生命的存在。

恒星周围适居区（CHZ）是恒星周围的一个特殊区域，其中液态水是稳定的，能够在类地行星的表面上存在数十亿年之久。这个区域是环形的，它的内边界应该是行星围绕其母恒星运转而又不会使行星海洋的水散失到空间的最近一条轨道。CHZ 的外边界则应是行星的海洋不致完全冻结的最远一条轨道。 CHZ 的内外边界与恒星的种类和温度有关。

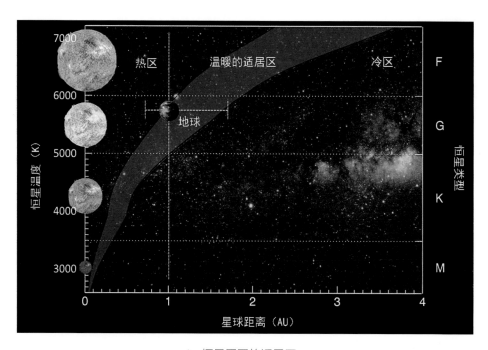

▲ 恒星周围的适居区

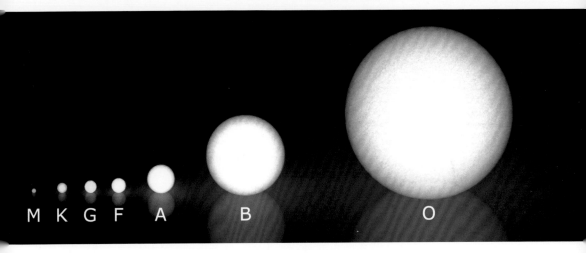

▲ 恒星的分类（供图 / Rursus）

恒星是如何分类的？

恒星根据温度的不同，可分为不同的类型，按照温度由高至低的顺序，分别为：O 型、B 型、A 型、F 型、G 型、K 型和 M 型。其中 O 型是温度最高的，到了 M 型，温度已经低至分子可能存在于恒星的大气层内。

主序星是处于青壮年阶段的恒星。太阳就是一颗主序星。当原恒星中心的温度达到 1000 万开左右时，氢核聚变成氦核的热核反应持续不断地发生。当核反应产生的巨大的辐射能使恒星内部压力增强到足以和引力相抗衡时，恒星进入一个相对稳定的时期，这个时期的恒星称为主序星。

当恒星核的氢燃烧完后，它们就离开主序星的阶段，开始氦燃烧，这个时期称为红巨星。最终红巨星坍缩，温度上升，称为白矮星。

红矮星是指表面温度较低，颜色偏红的矮星，尤指主序星中比较"冷"的 M 型及 K 型恒星，这些恒星质量在 0.8 个太阳质量以下，表面温度为 2500 ~ 5000 开。离太阳最近的比邻星便是一颗红矮星。

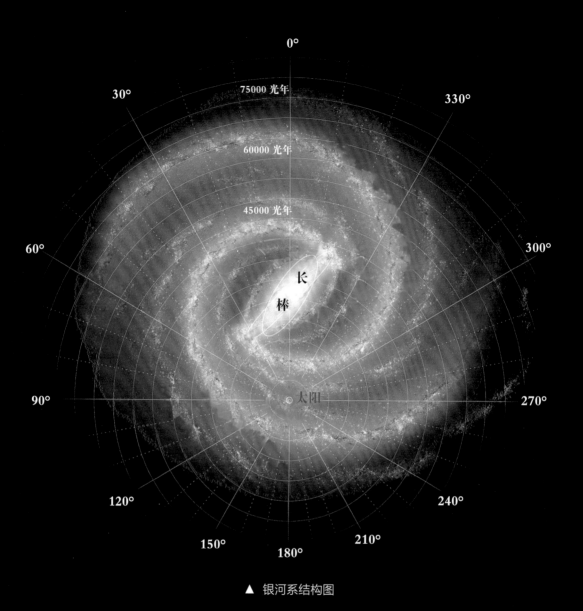

▲ 银河系结构图

银河系有多大？

　　银河系是宇宙无数星系中的一员，总质量大约是太阳质量的 4×10^{11} 倍。银河系大约 25% 的质量是可见的恒星，15% 是恒星残存物（白矮星、中子星和黑洞），25% 是星际云和星际物质，35% 是暗物质。银河系的年龄估计是130 亿年，和宇宙的年龄相同。

银河系是一个中间厚、边缘薄的扁平盘状体。它的主要部分称为银盘，呈旋涡状。直径约为 10 万光年，中央厚约 1 万光年，边缘厚约 3000 ～ 6000 光年，包含的恒星估计为 1000 亿～ 4000 亿颗。太阳处于距离银河系中心约 27700 光年的位置。

银河系有多少行星？

国际上一个研究团队经过 6 年的合作观测，发现银河系中每颗恒星平均来说至少有 1 颗行星，这意味着银河系至少有 1000 亿颗行星，100 亿颗类地行星，在距离地球 50 光年内至少有 1500 颗行星。

银河系的适居区有多大？

银河系适居区的大体位置为下图中的绿色区域。如果恒星系统距离银河系中心太近，轨道的不稳定性、彗星的撞击以及恒星爆炸等不利因素，将扼杀处于萌芽阶段的生态系统；如果距离太远，形成恒星的星云就会缺乏重元素，而行星的产生需要这些元素。

▶ 银河系适居区

太阳

银河系内类地行星与类木行星哪种数量多？

根据 2012 年开普勒太空望远镜获得的数据，研究人员发现在银河系中岩石类的、小的行星是最常见的，而像木星那样的巨行星却比较稀少。因此，科学家认为银河系内类地行星比类木行星数量多。

已发现的系外行星中是否有表面温度与地球接近的？

目前已经发现了这样的行星，如开普勒 22b 的表面温度大约是 22℃，与地球的表面温度接近。

太阳附近的恒星周围有类地行星吗？

到目前为止，在距离地球 50 光年范围内观测到 21 颗类地行星。

在含有甲烷的适居区内可能有地外生命吗？

土卫六上存在由甲烷和乙烷构成的液体湖，这种甲烷液体湖能否维持生命存在？国外一些学者已经提出了理论，认为液体甲烷湖泊是可以维持生命存在的。如果这个理论成立，将为寻找地外生命提供新的线索。

为什么说在双星周围更容易维持生命？

美国得克萨斯大学的研究人员认为，围绕双星运行的行星更可能有生命存在，因为双星组合的能量可以将适居区向外扩展。开普勒 16b 就是围绕双星运行的行星。

地外生命为什么要求有合适的小行星带？

美国科罗拉多大学的一个研究团队认为，地外生命要求有合适的小行星带。该团队分析了几种典型的小行星带情况，如下页图所示，其中图 a 显示，一个木星大小的行星在小行星带中迁移，驱散了物质，抑制了行星上生命的形成；图 b 显示太阳系中的小行星带，一颗木星大小的行星稍微向内移动，被抑制在小行星带的外面；图 c 显示了稠密的小行星带，大行星没有迁移，来自稠密小行星带的物质将轰击行星，可能会妨碍生命演变。

由于类似于太阳系的小行星带在宇宙中是稀少的，因此存在生命的系外行星也是稀少的。

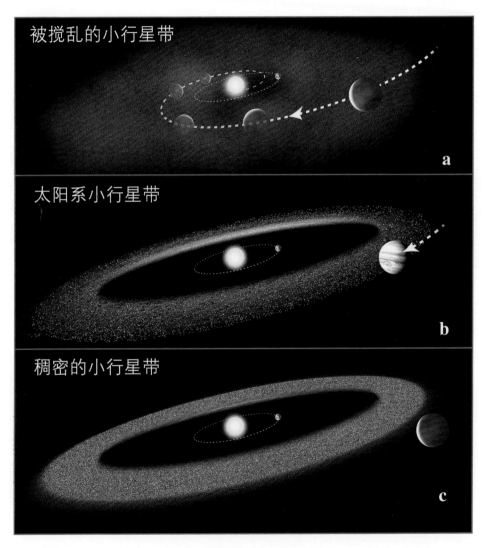

被搅乱的小行星带

太阳系小行星带

稠密的小行星带

▲ 三种典型的小行星带

在哪类恒星周围的适居区更容易探测到氧？

根据美国哈佛大学一个科研小组的研究结果，在白矮星周围适居区的行星大气层中比在太阳类恒星周围适居区内的行星大气层中更容易探测到氧。这项研究成果对于寻找可能有生命存在的行星具有重要意义。

在偏心适居区内能维持生命存在吗？

太阳系内的地球和其他行星围绕太阳运行基本上是圆形轨道，而其他恒星系统的行星可以在像彗星那样的轨道上运行，到恒星的距离是不断变化的。那样的轨道也会使行星移近或移出适居区。如下图所示，绿色表示适居区，行星在一段时间内会进入表面冻结的区域。这样的适居区能否维持生命存在？美国《天体生物学》杂志于 2012 年 9 月发表的一篇论文认为，这样的适居区仍能维持生命存在，当行星运行到远离恒星的区域时，生物可以处于冬眠状态。

▲ 偏心适居区

哪些系外行星可能有生命存在？

开普勒 62 是一个怎样的恒星系统？

开普勒 62（Kepler-62），位于天琴座，距离地球约 1200 光年，是体积比太阳小的光谱 K 型恒星系统。开普勒 62 这个名称的由来是因为它是开普勒太空望远镜发现的第 62 颗确认周围有行星环绕的恒星。该恒星所属行星的后缀是 b、c、d、e 和 f。后缀 b 代表该恒星旁发现的第一颗行星，之后按照发现

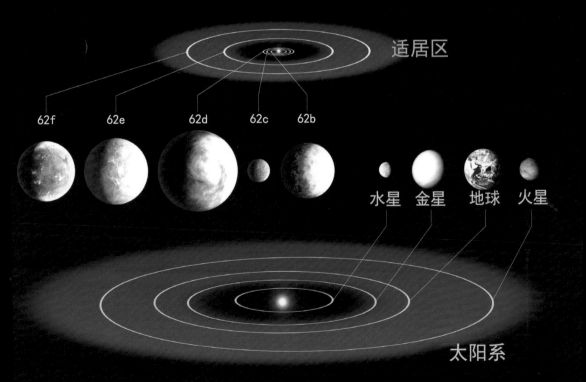

▲ 开普勒 62 系统与太阳系比较

顺序以小写字母顺序加上后缀。开普勒 62 的所有 5 颗行星都是同时发现，所以后缀"b"用于最靠近母恒星的行星，而"f"则是距离最远者。该恒星位于 NASA 以凌日法搜寻系外行星的开普勒太空望远镜观测视野内。2013 年 4 月 18 日，天文学家宣布在该恒星旁发现 5 颗系外行星，其中的开普勒 62e 和开普勒 62f 可能是位于该恒星适居带内的固体表面行星，开普勒 62f 远离恒星，被冰覆盖，而离恒星较近的开普勒 62e 被稠密的云覆盖。

格利泽 163c 是一颗什么样的系外行星？

格利泽 163c（Gliese 163 c）是一颗可能适合居住的系外行星，母恒星是红矮星格利泽 163，与地球的距离大约是 49 光年。格利泽 163c 是格利泽 163 的三颗行星中的一颗，直径是地球的 1.8 ～ 2.4 倍，质量至少是地球的 6.9 倍，因此被分类为超级地球。

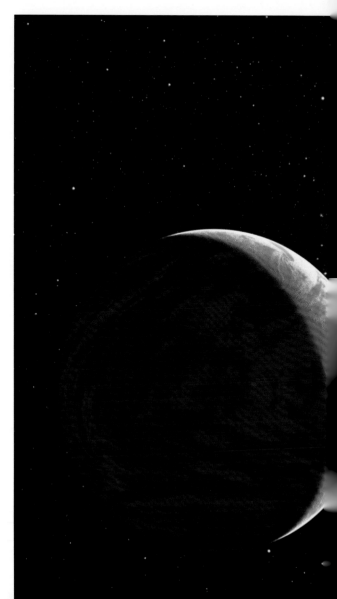

▶ 格利泽 163 恒星系统，位于图片中间的光球为恒星格利泽 163，周围是围绕其运转的 3 颗行星，包括格利泽 163c。

格利泽 667 Cc 是一颗什么样的行星？

格利泽 667 Cc（Gliese 667 Cc）是围绕恒星 Gliese 667C 运行的行星之一，其质量是地球的 2～4 倍。这颗行星是一颗岩石型的行星，位于适居区内，与地球的相似度指数为 0.82。

鲸鱼座 τe 是一颗什么样的行星？

鲸鱼座 τe 是一颗尚未被确认的系外行星，与地球的相似度指数为 0.82。该行星可能是超级地球，其质量下限是 4.3 倍地球质量。假设它是由岩石和水组成的话，其体积可能是地球的 1.8 倍。但考虑到它和母恒星的距离较小，该行星可能和金星一样有能引起强烈温室效应的浓密大气层，表面温度可能达到 70℃，而这种温度下也许只有嗜热生物才能生存。

鲸鱼座 τf 是一颗什么样的行星？

鲸鱼座 τf 是一颗尚未被确认的系外行星，其母恒星是类似太阳的鲸鱼座恒星天仓五，距离地球约 11.905 光年，是距离母恒星最远的行星。

该行星因为位于天仓五的适居带范围内，且较接近母恒星，因而受到关注，它和母恒星的距离是 1.35AU，接近太阳系中火星和太阳的距离。该行星可能是超级地球，质量下限是 6.6 倍地球质量。假设它是由岩石和水组成的话，体积可能是地球的 2.3 倍。假设它拥有与地球类似的大气层，它的表面温度可能是 40℃，但如果它有能产生温室效应的浓密大气层，表面温度可能是更高的 50℃。

哪颗行星适居度指数最大？

土卫六的行星适居度指数为 0.64，是目前所知行星适居度指数最大的。

哪颗系外行星被认为是最适合人类居住的？

HD 85512 b 是围绕主序星 HD 85512 运行的系外行星，距离地球约 36 光年。其质量至少是地球质量的 3.6 倍，所以 HD 85512 b 被认为是一颗超级地球，也是科学家目前为止所发现的最小的系外行星之一，其位置正好位于适居带的边缘。2011 年 8 月 17 日，研究人员公布研究报告，认为 HD 85512 b 是科学家迄今所发现的最适合人类居住的系外行星，也是科学家借由高精度视向速度行星搜索器所发现的最稳定的系外行星之一。HD 85512 b 表面重力约为 1.4 g，大气层顶部的温度估计为 25℃。

为什么说寻找地外生命进入了一个新阶段？

2013 年 4 月 18 日，科学家宣布他们发现了三颗适居的系外行星，即 Kepler-62e、Kepler-62f 和 Kepler-69c。这表明宇宙中具有适合生命存在的行星是相当多的，同时也标志着人类寻找地外生命将进入新的阶段。在新阶段中，人类将使用新的方法和手段，研究系外行星大气层特征，寻找智能生命。

目前已经发现了哪些最适居的系外行星？

地球相似度指数（ESI）用来表示行星与地球相似的程度。如果行星的许多性质与地球接近，则其指数接近于 1；反之接近于零。ESI 与行星的半径、密度、逃逸速度和表面温度有关。下图所列举的系外行星是当前最适居的行星，很可能有生命存在。为了便于比较，地球、火星、木星和海王星的 ESI 数据也列在其中，整个排序是按照 ESI 指数的大小顺序排列的。

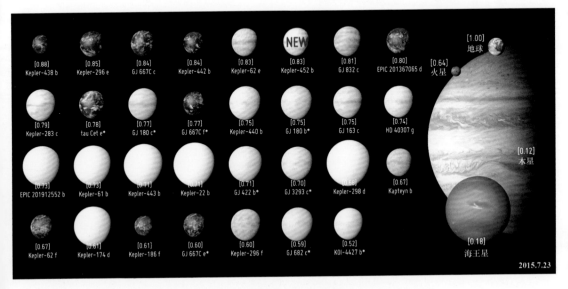

▲ 最适居的系外行星

123

第7章
未来的寻找活动

　　在前文我们提到人类寻找地外生命将进入新阶段。在新阶段中，无论是地面观测，还是天基观测，所用设备的性能都将出现新的飞跃，不仅能辨别出像地球那样大小的行星，更重要的是能辨别出这些行星是否具有维持生命的条件，如大气层特征、是否有水和构成生命的有机物质。

欧洲极大望远镜有哪些新功能？

欧洲极大望远镜（European Extremely Large Telescope，E-ELT）是欧洲南方天文台（ESO）准备建造的地面光学天文望远镜，其主镜直径为 39 米，集光面积达到了 978 平方米，建成后将成为世界上最大的光学望远镜。这台望远镜能深入地探测地球以外的生命；可以搜寻与地球体积相当的星体；能探测系外行星的大气层；能对较大的行星直接成像；能探测原始行星盘的水和有机物。E-ELT 计划于 2022 年投入使用。

巨大望远镜有多大？

ESO 计划建设巨大望远镜（Overwhelmingly Large Telescope，OWL），其孔径为 100 米。据估算，一个直径为 80 米的望远镜，就能够对最接近的 50 颗太阳类恒星周围的行星进行光谱分析，进而指示构成生命的有机分子的存在。因此，OWL 对人类寻找地外生命将起到重要作用。但目前由于技术上的复杂性和资金等方面的原因，ESO 正全力研制 E-ELT，在 E-ELT 投入使用后，才可能深入研究 OWL。

30 米望远镜有哪些特点？

30 米望远镜（Thiry Meter Telescope，TMT）是一颗由美国、加拿大、日本、中国、巴西、印度等国参与建造的地面大型光学望远镜。与 E-ELT 类似，其主镜是一块由 492 块六边形镜面拼接所组成的分割式主镜，配备有自适应光学系统，能观测红外线。在波长大于 0.8 微米的光谱范围内，自适应光学系统使它的图像清晰度比哈勃太空望远镜高 10 倍；巨大的主镜使它的观测清晰度比现行的大型地面光学望远镜高 10 ～ 100 倍。

与 E-ELT 观测南半球星空不同的是，TMT 将观测北半球的广阔星空。TMT 预计将被用于研究暗能量、暗物质及超质量黑洞等方面，还将寻找系外行星上的生命。

主动搜寻地外文明计划包含哪些内容？

主动搜寻地外文明计划（Active Search for Extra-Terrestrial Intelligence）是向智能地外生命发送各种信息的一项计划。这些信息通常以无线电信号的形式发送，也被称为 METI（Messaging to Extra-terrestrial Intelligence）。目前该计划已经向系外行星发送了相当数量的信息。

对于 METI 目前存在争议：有人认为这样做暴露了地球的位置，给居心叵测的外星人创造了机会；也有人认为主动向系外类地行星发送信息，是与地外文明沟通的一种方式，有利于推进寻找地外文明的计划。

从哪里可以获得系外行星的信息？

系外行星百科网站（http://exoplanet.eu），由在法国巴黎的默东天文台任职的天文学家让·史奈德于 1995 年建立，该网站收集了已知的以及尚待确认的系外行星信息，并依据会议或期刊所发布的最新数据及时更新，是了解系外行星信息的一个重要窗口。

有哪些 SETI 计划中的设备将投入使用？

SETI 计划中的一些新设备在未来将陆续投入使用，如艾伦望远镜阵、中国的 500 米口径球面射电天文望远镜等，原有的设备仍按计划继续运行。

空间干涉仪有什么特点？

探测太阳系外类地行星大气参数的最大技术挑战，在于行星本身不发光，其表面反射的微弱光线，被淹没在恒星耀眼的光芒之中，从中分辨出行星好比是从强烈的探照灯下辨别出一只萤火虫。为了解决这个技术难题，人类从干涉技术入手。光和无线电波都是电磁波，描述波的参数主要有波长、振幅和相位。光越强，说明光波的振幅越大。当两束光叠加时，合成的振幅不仅与两个波各自的振幅有关，还与两个波的相位有关。通俗地说，波有波峰和波谷，如果在任何时刻，两个波的波峰与波峰对齐，则合成的波是增强的；如果一个波的波峰与另一个波的波谷对齐，则合成的波是削弱的。将这个原理应用于空间望远镜，我们可以通过计算机准确控制不同望远镜所接收到的恒星光的相位，使得恒星光经过叠加后都抵消，而来自行星的光经过叠加后得到增强。此外，如果选择红外波长，效果会更好，因为在恒星所发出的光中，红外线的振幅远远小于可见光的振幅。美国因财政原因在 2010 年取消了空间干涉仪项目，但空间干涉仪技术仍将是未来寻找地外生命活动的重点发展方向。

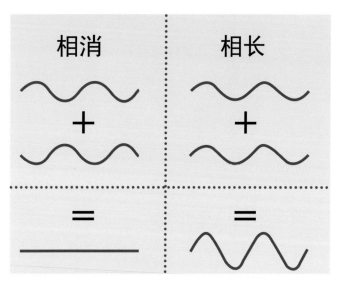

▲ 不同相位波叠加的结果

韦伯空间望远镜有哪些特点？

韦伯空间望远镜（JWST）是计划中的红外空间望远镜，作为哈勃空间望远镜的替代观测设备，计划于 2018 年发射升空。JWST 是 NASA 和 ESA、加拿大航天局的合作计划，放置于太阳-地球的第二拉格朗日点，口径达到 6.5 米，而哈勃太空望远镜只有 2.4 米。JWST 功能强大，从探索地外生命的角度看，能直接探测适居区内系外行星大气层的化学成分，确定表面是否有水。

▲　韦伯空间望远镜

什么是类地行星发现者？

类地行星发现者（TPF）是一个红外干涉仪，整体是一个巨大的、非常有效的望远镜。利用干涉技术，它可以将恒星光衰减百万倍，因此能有效地探测行星发出的暗淡的红外辐射。目前 TPF 的命运与空间干涉仪项目一样，都暂时被取消了。但最近国外一些学者表示，为了在寻找地外生命方面取得突破，未来一定要发展 TPF 类型的项目。

在太阳系内将重点探测哪些天体？

在太阳系内，人类继续深入探测的天体包括火星、木卫三、土卫六、土卫二和一些彗星。

在火星上重点探测哪些区域？

古河道或古湖泊；具有含水矿物的区域；溶洞内部；大的陨石坑底部；峡谷的底部；古代海洋；热液喷泉。

在火星上重点探测的方向是什么？

含水矿物的分布；有机物质的分布；产生甲烷的源；碳、氢、氮、硫的同位素比。

火星地外生物学任务有哪些功能？

火星地外生物学任务（ExoMars）是 ESA 计划发射的火星车，在寻找火星生命方面的最重要功能涉及两方面：一是携带了火星有机分子分析器，这是 ExoMars 携带的最大仪器，能直接探测和分析火星表面或表面下是否存在有机分子；二是其可以钻探 2 米的深度。

火星微量气体探测器有什么特点？

火星微量气体探测器是美国计划于 2016 年发射的一个火星轨道器，其主要功能是探测火星大气层中甲烷的含量与分布，以便确定火星甲烷的源，进而确认火星是否有生命存在。

火星 –2020 的主要任务是什么？

美国计划于 2020 年发射火星车"火星 –2020"，其主要任务是寻找火星上的生命。为了达到这个目的，火星车上配备了先进的科学仪器，能探测 RNA 和 DNA，这两种有机物都是生命的重要标志。

未来寻找火星生命对仪器有什么要求？

目前在火星上寻找生命都是间接的，如确定哪些地区有含水矿物，以证明历史上可能有液体水；探测着陆点附近是否有维持生命的元素。未来的探测应当是直接探测，也就是说直接探测现存生命的标志，或者已经死亡生命的证据，这就需要使用高级的光谱仪、色谱仪和生命芯片等。

取样返回探测的意义是什么？

由于体积和质量的限制，目前还不能将地球实验室内的高级复杂仪器直接用于火星表面探测，所用的小型仪器不能满足探测要求，这就需要将样品送回地球，用多种仪器对样品进行多学科测量与分析，由此确定火星过去和现在是否有生命存在。这对于探索火星生命，研究火星地质和大气层的演变都具有重要意义。

对木卫二的探测重点是什么？

木卫二是否存在生命的关键是表面下是否存在液体海洋以及这个地下海洋的成分。因此，探测木卫二的重点是通过多种方法，对液体海洋进行验证。这些方法包括用木卫二轨道器对其进行近距离全方位探测；在此基础上发射着陆器，对表面进行钻探；如果存在液体海洋，则在穿透冰层后，放下"潜水艇"，对海水的成分进行详细分析。

▲ 土卫六轨道器飞越土卫二南极地区

木星木卫二轨道器有哪些功能？

木星木卫二轨道器（JEO）首先 8 次飞越木卫四；然后 6 次飞越木卫二，寻找木卫二的液体海洋，对其表面面积的 60% 成像；6 次飞越木卫三；然后转入环绕木卫二的圆形轨道，对其进行详细的探测。

对土卫六的探测重点是什么？

● 土卫六大气层的成分，特别是有机物的含量。

● 土卫六液体湖的大小和分布，液体湖的主要成分。

● 寻找土卫六存在地下液体海洋的证据。

对土卫六的探测将采取哪些新的方式？

为了进一步确定土卫六是否有生命存在，未来的探测将采取一些新的方式，包括土卫六轨道器、土卫六着陆器以及气球探测。土卫六着陆器也可以考虑在液体湖上着陆，直接探测液体湖的成分。

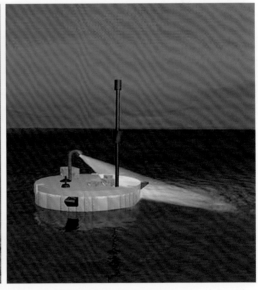

▲ 探测土卫六的两种新方式：气球探测与湖面着陆

对土卫二的探测有哪些方式？

未来将发射土卫二轨道器，详细研究土卫二南极地区的水冰喷发活动、内部结构、化学特征和地质构造。另外，土卫六轨道器也将飞越土卫二南极地球，在极区喷发物中穿过。

未来的彗星探测有什么特点？

未来的彗星探测将采用取样返回的方式。探测器在彗核上着陆，钻取样品，放入取样容器中。在返回途中，要一直使容器处于低温状态，以便维持样品原始的物理状态。

未来的小行星探测有什么特点？

为了进一步了解小行星的成分和结构，深入分析小行星是否含有生命的基本单元，探测小行星的一种重要方式是取样返回。目前，美国和欧洲空间局都已经制定了小行星取样返回探测计划。

"苔丝"任务有什么特点？

"苔丝"是英文"Transiting Exoplanet Survey Satellite"缩写"TESS"的音译，其确切含义是"用凌星方法观测系外行星的卫星"，是 NASA 探索系外行星的一个计划。苔丝计划配备 4 个广角望远镜，集中研究 G 型和 K 型恒星，预期观测 50 万颗这些类型的恒星，包括 1000 颗最靠近的红矮星。苔丝计划预计发现 1000 ～ 10000 颗地球大小或大于地球的行星，这些行星的轨道周期大约为 2 个月。这些行星候选者将由后续的自动行星发现者望远镜和韦伯空间望远镜进行深入的观测研究。

自动行星发现者望远镜有哪些功能？

自动行星发现者望远镜（APF）是一个全自动、2.4 米孔径的望远镜，计划设在美国加利福尼亚州东部的利克天文台。其目的是寻找 5 ～ 20 倍地球大小的系外行星。该望远镜每个夜晚能检验大约 10 颗恒星。

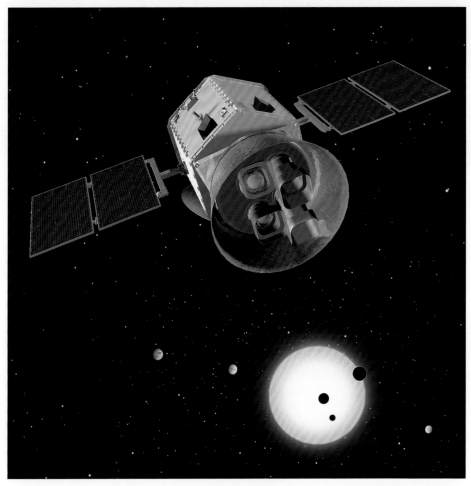

▲ 苔丝望远镜

木星冰月探测器的主要任务是什么？

　　木星冰月探测器（JUICE）是 ESA 计划中的一个木星系探测任务，旨在研究木星的三颗卫星：木卫二、木卫三和木卫四。

　　该探测器计划于 2022 年发射，2030 年抵达木星轨道，2033 年经过数次绕木星及其他卫星的机动飞行之后，进入环木卫三轨道。

　　针对木卫二，探测器将着重于探测生命必备的化学条件，包括有机分子、表面特征的形成。另外，木星冰月探测器将首次进行卫星地下探测，如第一次确定最近活跃地区的最小冰壳厚度。

▲ 木星冰月探测器

木星冰月探测器将会对木卫三进行详细的研究，以评估其支持生命存在的可能性，并与木卫二和木卫四进行对比。这三颗卫星被认为具有适合生命存在的液态水海洋，并已经成为研究水冰世界生命宜居性的焦点。

"基奥普斯"的任务是什么？

"基奥普斯"是英语"CHaracterising ExOPlanets Satellite"的缩写"CHEOPS"的中文音译，其名称是埃及古王国时期的一位法老，一般认为他修建了古代世界七大奇迹之一的吉萨大金字塔。

CHEOPS 是欧洲空间局计划发射的空间望远镜，目的是准确测量系外行星的半径，确定行星的大气成分。

高技术大孔径望远镜的主要目的是什么？

高技术大孔径望远镜（ATLAST）是一颗 8～16.8 米孔径的紫外和近红外空间望远镜，未来将取代哈勃空间望远镜，而且比哈勃空间望远镜和韦伯空间望远镜的分辨率更好。同韦伯空间望远镜一样，ATLAST 将发射到日地第二拉格朗日点。

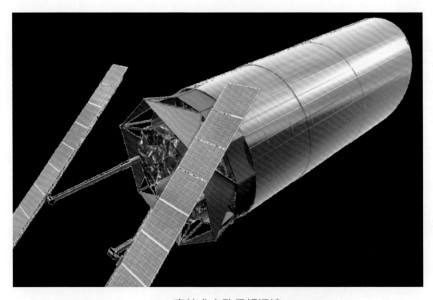

▲ 高技术大孔径望远镜

ATLAST 是 2025—2035 年的旗舰任务，能探测系外行星的生物特征，如氧分子、臭氧、水和甲烷等。

系外行星特征观测台的主要任务是什么？

系外行星特征观测台（EChO）是欧洲空间局计划发射的空间望远镜，其主要任务是研究系外行星的大气层。EChO 将提供高分辨率、多波长的光谱测量，以便获得大气层成分、温度和反照率等信息。EChO 将发射到日地第二拉格朗日点。

系外行星快速红外谱仪观测者的目标是什么？

系外行星快速红外谱仪观测者（FINESSE）是 NASA 计划于 2017 年 2 月发射的空间观测台，目标是研究太阳系外的 200 多个行星的大气层。

"新世界" 任务的目标是什么？

"新世界" 任务是一个由 NASA 先进理念研究所资助的项目，目标是在太空中建造一个遮星板来阻挡附近恒星的星光，以观察环绕它们运转的行星。这个计划有可能与一架现有的太空望远镜搭配工作。

目前，直接观测系外行星是非常困难的。这主要是由于：

● 当进行天文观测时，系外行星通常十分接近它们的母恒星。这意味着当寻找系外行星时，人们通常是从

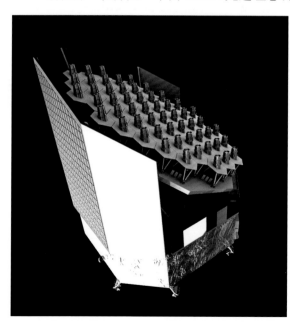

▲ 遮星板

非常小的角度（几十毫角秒）来观察它们，在这么小的角度下，观测行星是几乎不可能的。

● 系外行星与它们的母恒星相比是十分暗淡的，通常情况下，母恒星比环绕它的行星亮 10 亿倍，这使得观察者几乎不可能看到淹没在强光下的行星。

为了克服在明亮星光中寻找行星的困难，"新世界"任务将用一个遮星板阻挡恒星的光芒。这个遮星板将阻挡所有将到达观察者的恒星星光，同时让环绕恒星的行星星光按原样通过。这个项目计划 2019 年发射望远镜，2020 年发射遮星板。

"柏拉图"的任务是什么？

"柏拉图"是英文"PLAnetary Transits and Oscillations of stars"缩写"PLATO"的音译，是欧洲空间局计划发射的空间观测台。柏拉图空间观测台将使用一组光度计发现和表征所有系外行星的大小，将发射到日地第二拉格朗日点。

柏拉图空间观测台将观测相对亮的恒星，比开普勒太空望远镜的视场大，能追踪 26 万个冷矮星的光变曲线，发现和表征大量的系外行星系统，探测行星质量的精度为 10%，测量行星半径的精度为 2%。

拿什么奉献给你，我的读者？

——陆彩云

从神舟五号、六号载人飞船到神舟十号载人飞船，从嫦娥一号人造卫星到嫦娥五号探测器，从天宫一号空间实验室到即将发射的天宫二号空间实验室，全民对太空领域的关注达到了前所未有的高度，广大青少年对太空知识的兴趣也被广泛调动起来。但是，适合青少年阅读的书籍却相当有限。针对于此，我们有了做一套介绍太空知识的丛书的想法。机缘巧合，北京大学的焦维新教授正打算编写一套相关丛书。我们带着相同的理想开始了合作——奉献一套适合青少年读者的太空科普丛书。

虽然适合青少年阅读的相关书籍有限，但也有珠玉在前，如何能取其精华，又不落窠臼，有独到之处？我们希望这套作品除了必需的科学精神，也带有尽可能多的人文精神——奉献一套既有科学精神又有人文精神的作品。

关于科学精神，我们认为科普书不只是普及科学知识，更重要的是要弘扬科学精神、传播科学品德。在图书内容上作者和编辑耗费了大量心血。焦教授雪鬓霜鬟，年逾古稀，一遍遍地翻阅书稿，对编辑提出的所有问题耐心解答。2015 年8 月，编辑和作者一同在国家知识产权局培训中心进行了为期一周的封闭审稿，集中审稿期间，他与年轻的编辑一道，从曙色熹微一直工作到深夜。这所有的互动，是焦教授先给编辑们上了一堂太空科普课，我们不仅学到知识，也深刻感受到老学者的风范：既严谨认真、一丝不苟，又风趣幽默，还有"白发渔樵，老月青山"的情怀。为了尽量提高内容的时效性，无论作者还是编辑，都更关注国内外相关研究的进展。新视野号探测器飞越了冥王星，好奇号火星车对火星进行了最新探测……这些都是审稿期间编辑经常讨论的话题。我们力求把最新、最前沿的内容放在书里，介绍给读者。

关于人文精神，我们主要考虑介绍我国的研究情况、语言文字的适合性和版式的设计。中国是世界上天文学起步最早、发展最快的国家之一，我们必须将我国的天文学发展成果作为内容：一方面，将一些历史上的研究成果融入书中；另一方面，对我国的最新研究成果，如北斗卫星、天宫实验室、嫦娥卫星等进行重点介绍。太空探索之路是不平坦的，科学家和航天员享受过成功的喜悦，也承受过失败的打击，他们的探索精神和战斗意志，为广大青少年树立了榜样。

这套丛书的主要读者对象定位为青少年，编辑针对他们的阅读习惯，对全书的语言文字，甚至内容，几番改动：用词更为简明规范；句式简单，便于阅读；内容既客观又开放，既不强加理念给他们，又希望能引发他们思考。

这套丛书的版式也是编辑的心血之作，什么样的图片更具有代表性，什么样的图片青少年更感兴趣，什么样的编排有更好的阅读体验……编辑可以说是绞尽脑汁，从书眉到样式，到文字底框的形状，无一不深思熟虑。

这套丛书从2012年开始策划，到如今付梓印刷，前后持续四年时间。2013年7月，这套丛书有幸被列入了"十二五"国家重点图书出版规划项目；2013年11月，为了抓住"嫦娥三号"发射的热点时机，我们将丛书中的《月球文化与月球探测》首先出版，并联合中国科技馆、北京天文馆举办了一系列科普讲座，在社会上产生了一定的影响，受到社会各界的好评，2014年年底，《月球文化与月球探测》获得了科技部评选的"全国优秀科普作品"；2014年7月，在决定将这套丛书其余未出版的九个分册申请国家出版基金的过程中，我们有幸请到北京大学的涂传诒院士和濮祖荫教授对稿子进行审阅，涂传诒院士和濮祖荫教授对书稿整体框架和内容提出了中肯的意见，同时对我们为科普图书创作所做的探索给予了充分肯定，再加上徐家春编辑在申报过程中认真细致的工作，最终使得本套书得到国家出版基金众专家、学者评委的肯定，获得了国家出版基金的资助。

感谢我们年轻的编辑：徐家春、张珑、许波，他们在这套书的编辑工作中各施所长，倾心付出；感谢前期参与策划的栾晓航和高志方编辑；感谢张凤梅老师在策划过程中出谋划策；感谢青年天文教师连线的史静思、王依兵、孙博勋、李鸿博、赵洋、郭震等在审稿过程中给予的热情帮助；感谢赵宇环、贾玉杰、杜冲、邓辉等美术师在版式设计中的全力付出……感谢所有参与过这套书出版的工作人员，他们或参与策划、审稿，或进行排版，或提供服务。

这套书的出版过程，使我们对于自身工作有了更进一步的理解。要想真正做出好书，编辑必须将喧嚣与浮华隔离而去，于繁华世界静下心来，全心全意投入书稿中，有时候甚至需要"独上西楼"的孤独和"为伊消得人憔悴"的孤勇。

所以，拿什么奉献给你，我的读者？我们希望是你眼中的好书。

附：《青少年太空探索科普丛书》编辑及分工

分册名称	加工内容	初审	复审	审读	编辑手记审校
遨游太阳系	统稿：张珑 文字校对：张珑、许波 版式设计：徐家春、张珑 3D 制作：李咀涛	张珑	许波	陆彩云 田姝	
地外生命的 365 个问题	统稿：徐家春 文字校对：张珑、许波 版式设计：徐家春 3D 制作：李咀涛	徐家春	张珑	陆彩云 田姝	
间谍卫星大揭秘	统稿：徐家春 文字校对：许波、张珑 版式设计：徐家春	徐家春	张珑	陆彩云 田姝	
人类为什么要建空间站	统稿：张珑、徐家春 文字校对：张珑 版式设计：徐家春、张珑	许波	徐家春	商英凡 彭喜英 陆彩云	
空间天气与人类社会	统稿：徐家春 文字校对：张珑、许波 版式设计：徐家春	徐家春	张珑	陆彩云 田姝	张珑 徐家春
揭开金星神秘的面纱	统稿：张珑 文字校对：陆彩云、张珑 版式设计：张珑 3D 制作：李咀涛	张珑	徐家春	吴晓涛 孙全民 陆彩云	
北斗卫星导航系统	统稿：徐家春 文字校对：许波、张珑 版式设计：徐家春	徐家春	张珑	陆彩云 田姝	
太空资源	统稿：徐家春、张珑 文字校对：许波、张珑 版式设计：徐家春、张珑	许波	徐家春	陆彩云 彭喜英	
巨行星探秘	统稿：张珑 文字校对：张珑、许波 版式设计：徐家春、张珑	张珑	许波	陆彩云 孙全民 吴晓涛	